城市建筑物对环境的热影响

周宏轩　孙　婧　著

中国建筑工业出版社

图书在版编目(CIP)数据

城市建筑物对环境的热影响/周宏轩，孙婧著. —
北京：中国建筑工业出版社，2018.8
ISBN 978-7-112-22699-3

Ⅰ.①城… Ⅱ.①周…②孙… Ⅲ.①城市建筑-建
筑物-影响-城市环境-热环境-研究 Ⅳ.①X21

中国版本图书馆 CIP 数据核字(2018)第 214880 号

责任编辑：杜 洁 李玲洁
责任设计：李志立
责任校对：王 瑞

城市建筑物对环境的热影响
周宏轩 孙 婧 著
*
中国建筑工业出版社出版、发行（北京海淀三里河路 9 号）
各地新华书店、建筑书店经销
北京科地亚盟排版公司制版
北京市密东印刷有限公司印刷
*
开本：787×1092 毫米 1/16 印张：9¼ 字数：208 千字
2018 年 8 月第一版 2018 年 8 月第一次印刷
定价：**48.00** 元
ISBN 978-7-112-22699-3
(32813)

前　言

城市建筑物的修建为人类提供了便利的居住、生产和生活条件，使城市系统运转速率大幅提升。但随着人类活动的增加，城市环境问题也逐渐显现，例如土壤温度升高、城市热岛效应、大气污染以及地下城市热岛等，这与我国建设生态城市的顶层设计意图严重背离。城市建筑物作为热源向周边环境传导热量，导致城市土壤温度和大气温度升高的作用不容小觑，但学术界在该领域的研究成果相对较少，因此，有必要积极探索城市建筑物单体和群体对周边环境的热影响，为缓解城市热岛效应和土壤温度升高提供理论和实践的基础，有利于人类与自然生态系统和谐相处，实现真正意义上的可持续发展。

城市土壤是城市生态系统的重要载体，是众多生态过程发生的场所，例如碳排放、能量流动以及营养元素的循环过程等，土壤温度的变化直接影响到上述生态过程的发生速率。因此，土壤温度的升高不容忽视，研究土壤的热环境状况具有重要的科学意义。作为与大气和人工构筑物能量交换最活跃的场所，表层土壤被选定为本书实践部分的主要研究对象，作者将传统的梯度方法进行降尺，并与原位观测方法相结合，创新性地构建了构筑物-土壤微梯度样带观测法，利用这种方法，对建筑物四个侧立面（东侧、南侧、西侧和北侧）的毗邻表层土壤温度，在春季、夏季、秋季和冬季四个季节的晴天和阴天两种典型天气条件下进行观测，同时，还观测了相应的气象数据。经过对数据的统计学处理和分析，研究人工构筑物在不同季节、不同天气条件下对毗邻表层土壤横向热影响范围的日变化过程，归纳出人工构筑物对其毗邻绿地表层土壤横向热影响模式，为研究城市热岛背景下，人工构筑物对土壤的热影响提供了最基本的数据与理论支持。同时，以地表能量平衡方程为基础，添加了人工构筑物对周边环境的影响，初步建立了大气-建筑物-土壤能量流动系统的理论框架，并使用该理论框架对土壤温度在空间上的分布进行不同的统计学分析（R 语言），得到在昼夜尺度上表层土壤温度空间变化的主要驱动因子，以及建筑物-土壤横向热通量在不同时间段所起的作用，并依据建筑物外墙毗邻绿地表层土壤温度分布的模式，对表层土壤温度与距离建筑基线的长度之间进行了拟合。在上述研究的基础之上，对建筑物与表层土壤之间的横向热通量进行测定，得出建筑物与表层土壤之间的横向热通量在昼夜以及季节尺度上的变化规律，研究其与气象因子之间的关系，并且筛选出主导因子与次要因子，用以反映建筑物不同侧立面对于土壤热冲击的生态过程。除此之外，建筑物对土壤的热影响不仅体现在表层土壤上，在较深的层次中，建筑物同样也影响着土壤的温度。

除了建筑物外，城市道路作为人工构筑物的重要组成部分，也是将大量的沥青、混凝土和石材等建筑材料引入城市，替换了城市生态系统原有的土地覆盖类型，成为硬化的、不透水的城市下垫面，造成城市土壤与城市大气之间能量传递路径的改变。学者们对于道路向土壤传导热量的研究并不是很多，总体来说，城市道路在白天通常能够吸收更多的热量，温度升高比城市土壤快，可以看作是土壤的热源，使得靠近道路的土壤温度较高，道路向土壤传导热量势必会引起毗邻土壤温度的升高，对于周边大气的辐射强度也会随温度升高而增加，从而使得气温升高，此外，土壤温度的升高会造成土壤生态环境的改变，植物根系、土壤动物以及土壤微生物都会因为生态环境的改变而受到影响。

建筑物不仅能够影响土壤温度，对大气温度同样也有影响。与土壤类似，建筑物在总体上是城市大气的热源，可以对城市大气起到加热的作用，建筑物通过在水平方向上对城市大气进行热影响，进而造成城市大气温度垂直分布格局的改变。建筑物影响城市气温受到采样点高度的影响。建筑物外墙对于其周边大气影响的显著程度随季节变化。可见，城市建筑物外墙是城市内部气温较高的驱动力之一。

本书实践部分已经得出城市建筑物单体外墙对周边环境的热力学影响模式，未来的研究应在此基础上展开，进一步增大尺度，从建筑物单体向建筑物群体延伸，探索建筑物群体（建筑三维空间格局）对周边环境的热力学过程的影响机制、影响因素、作用方式及影响程度等。

本书的研究涵盖了新的研究理念和方法、可信赖的实验结果及拟合方程，不仅丰富了学术界在建筑物对周边环境热影响这一领域的研究成果，同时对城市生态环境的改善具有重要的理论及实践意义。本书适合建筑学、城乡规划学、建筑环境与城市生态等领域及交叉学科的师生和科研工作者阅读与参考，也可作为大专院校相关专业的辅助教材和教学参考书籍。

本书作者

2018 年 7 月 26 日于中国矿业大学

目 录

现状篇

基础篇

实践篇

现状篇

第一章　城市建筑物及其影响

第一节　城市化

一、城市化概述

城市化现象起源于1780年的英国，以大量农村人口向城市聚集为其主要的表现形式。“城市化”一词来源于拉丁文Urbanization，最先出现在1867年西班牙工程师A. serda所著的《城市化基本原理》一书中，用以描述人口向城市地区集聚，以及乡村地区向城市地区转变的过程。到了20世纪，Urbanization一词开始在世界范围内被广泛地应用和研究。我国学术界直到20世纪70年代末期才引入“城市化”一词。在我国，城市化又称之为城镇化、都市化，根据国家标准《城市规划术语》，城市化即人类社会的生产生活方式由农村型转化为城市型的历史过程，主要表现为农村人口转化为城市人口，以及城市的不断自我完善过程。城市化的过程包括产业结构转型、土地结构调整、地域空间演变、人口职业变迁等，因此，学者们对城市化的研究逐渐细化到不同的学科视角，如经济学、社会学、地理学、人口学等。总体来看，城市化发展主要表现在城市人口比重增加、城市用地规模扩大、产业结构优化升级、基础设施现代化、国民生产总值不断增长等多个方面。

二、快速城市化

2011年12月，中国社会科学院在北京发布了社会蓝皮书《2012年中国社会形势分析与预测》，书中指出，我国城镇人口占总人口的比重已经超过50%，这意味着我国的城市化水平首次突破50%。2015年，我国城市化率已经从2000年的35.8%快速上升至56.1%。国家统计局的最新数据显示，2017年我国城市化率已经达到58.52%。随着全球城市化进程的加快，预计到2025年，全球将有65%的人口在城市定居，城市化在全球的快速蔓延，意味着城市需要更多的建设用地和建筑面积来为新增人口提供日常活动所需场所。同时，人们对工作条件和居住条件要求的不断提高也无形中增加了对场所面积的需求。因此，大量的建筑物材料被引入到城市之中，用以构建类型各异的建筑物和道路等城市重要的组成部分及基础设施，构成独特的城市景观，并取代原有的自然土地覆盖类型，形成人工设施和半自然半人工环境相互交错的特殊三维空间格局。在欧洲，城市建成区内部大约有52%的土壤被不透水的材料所覆盖，而且这一比例仍在逐年增加，这表明，城市绿地这种半自然半人工景观所占的比例越来越小，并且出现破碎化和离散化的趋势。类似的情况也正在中国发生：北京城市建筑用地景观比例已经达到63%，大多为不透水的人工地面。

第二节　城市建筑物

一、建筑物

建筑物有广义和狭义两种含义，广义的建筑物也称之为构筑物，指的是为了满足社会需要而人工建成的房屋、道路、桥梁、隧道等人工环境；狭义的建筑物仅是指由基础、墙、地、顶、梁、门、窗等承重构件所构成的空间场所，是供人居住、工作、学习、生产、经营、娱乐、储藏物品以及进行其他社会活动的工程建筑。通常建筑学相关专业所指的建筑物是其狭义含义，根据《民用建筑设计术语标准》，建筑物即指用建筑材料构筑的空间和实体，供人们居住和进行各种活动的场所。

二、城市的建筑物

城市建筑物的修建为人类提供了便利的居住、生产和生活条件，使城市系统运转速率大幅提升。但随着人类活动增加，城市环境问题也逐渐显现，例如大气污染、土壤温度升高、城市热岛效应（Urban Heat Island Effect）以及地下城市热岛（Subsurface Urban Heat Island）等，这与我国建设生态城市的顶层设计意图严重背离。如何解决城市环境问题、建设生态宜居城市迫在眉睫，需要引起生态学、环境学及城市规划等多门学科的高度关注。

城市建筑物是人类进行各种日常活动的场所，也是城市区别于自然的标志。随着城市化进程的加速，城市大部分土地均由城市建筑物和基础设施所覆盖，尤其是北京、上海、广州和深圳等一线城市，为了极端追求城市的土地利用，而选择最大限度地将土地转化为建筑用地。

不同形态的建筑物构成城市中复杂多变的三维空间格局，形成与自然地貌完全不同的人工景观；并且，在我国快速城市化的大背景下，城市不仅向原有的边界外部蔓延，同时也不断向上部空间扩张，导致城区占地面积不断扩大，建筑物的高度也不断上升。因此，城市形式、建筑物的三维形态及其空间格局，以及城市建筑物与周边生态环境的相互影响更加错综复杂，已经超出了原有用平面分析和景观分析解决生态环境问题的范围，需要创造和引入新方法来研究并解决这类复杂的问题。

第三节　全球气候变化

全球气候变化已经成为世人瞩目的焦点，全球变暖、城市热岛效应以及高温热浪等气候变化问题对自然环境、城市发展以及人类健康带来了一系列的负面影响。因此，全球气候变化课题成为当前学者们的主要研究热点。

一、全球变暖

全球平均地表气温在1880～2012年平均升高0.85K（从0.65～1.06K），尤其是在20世纪50年代以后，气温升高的趋势更加明显。国家气候中心最新发布的数据显示，2014年全球的平均气温是有记载以来最高的一年，达到了14.6K。全球变暖极大地改变了地球的生态环境，对全球气候产生了深远的影响：植物提早开花并且生长季延长；鸟类产蛋期提前，昆虫出现时间前置，并且世代数增加；而对于江河湖泊而言，将出现年冰冻期缩短，结冰时间延迟而融化时间提早；冰川消退，永冻土带融化等现象。

全球变暖为人们的生活带来了很多便利。首先，全球变暖能够让大气更加湿润，为广大内陆地区带来更多的雨水，戈壁和沙漠可能会披上绿洲，增加人们的居住地域之选。其次，全球变暖，会导致更多的氮元素与酸伴随雨水进入雨林，为植物的生长提供充足的水分和养分，全球植被将更加繁茂。最后，气温在一定范围内的升高可以缩短粮食紧缺地区农作物的生长期，增加当地农作物的产量，解决饥饿等问题。

2015年5月，由于气候变暖，中国新疆阿克陶县境内的冰川发生移动，导致1.5万亩草场被吞噬，70多户牧民的房屋被掩埋。与所带来的正面影响相比，全球变暖所引发的负面效应和危害更值得人们深思。首先，全球变暖会引发海平面上升，进而导致低地被淹埋、海岸被冲蚀、地下水位升高、沿海城市被吞噬等问题。其次，全球变暖将导致一些物种无法适应新的气候环境而濒临灭绝，同时影响农作物的产量和分布，气温过高将会降低农地生产力，农作物失收，粮食供应减少，在一些地区可能会造成严重的经济损失，直接威胁人类的粮食安全。再次，全球变暖背景下，低层空气变暖，大气稳定性变差，将会引起一系列极端气象灾害事件频发。最后，全球变暖可能诱发一些传染病，影响人类健康，而且过高的气温还可能引起人类罹患各种疾病，甚至导致死亡率提高。预计到21世纪末，全球气温将有10%的概率升高6K。因此，全球变暖所引发的人类危机才刚刚到来。

二、城市热岛效应

根据Luke Howard于1818年在其著作《伦敦的气候》中所提出的伦敦气温高于郊区气温这一现象，Gordon Manley在1858年首次提出了城市热岛概念——因大量人工发热、建筑物和道路等高蓄热体及绿地减少等因素，所造成的城市高温化现象。在近地面温度图上，郊区气温变化很小，而城区则是一个高温区，像是突出海面的岛屿一样，由于近地面高温图上面所呈现的这类岛屿所代表的是城市区域的高温现象，所以就被形象地称之为城市热岛。随后，学术界对于城市热岛的研究从未停止。

全球城市化进程的加快显著地改变了城市内部地表性质，混凝土和沥青等大量的人工建筑物材料取代了地表原有的自然形态。地表性质的改变引起了太阳能反射率（通常称为反照率）、热容、蒸散和地表粗糙度的变化。上述参数的变化则最终导致了城市气温明显高于农村地区，这种现象被形象地称之为“城市热岛效应”（UHI）。由于对长期气候变化、生态过程以及人类健康等具有负面的影响，因此，城市热岛效应近年来备受环境学和气候学领域学者的广泛关注。有研究表明，美国纽约最大热岛强度为8.0K，美国巴尔的摩市中心的气温比郊区居民区高出5～10K，日本东京市是全世界范围内城市中心气温增长速率最快的大城市，其气温在100年内增加了3K，是全球变暖速率的5倍。这意味着城市热岛效应的增温效果是城市内部气温升高的主要原因。

城市热岛的成因可以归因于自然条件的改变以及人为影响这两个方面。自然条件包括城市下垫面（大气底部与地表的接触面）对太阳辐射的吸收、反射和蓄热效应；城市内部建筑物三维结构和空间格局影响风环境以及天空长波辐射；市区内云量大于郊区；市内空气污染严重，大气透明度低，导致太阳辐射减少等。城市下垫面有很多材质，例如砖石、草地以及裸露土地等，不同材质的下垫面对太阳辐射的吸收和反射水平各不相同，因此对气温的影响水平也不一样。城市下垫面性质的改变包括城市人工构筑物（建筑物、道路、桥梁等）的布局与几何形态，以及其热力学属性和其他的物理性质。人为影响又被称之为人为热，包括家用电器和交通出行散热等。

热岛强度是指热岛中心气温减去同时间同高度（距地1.5m高处）附近远郊的气温的差值。表1-1中展示了我国部分城市人口密度与城市热岛强度，从表中可以看出，人口密度与城市热岛强度之间存在关联性，而人口密度越高，人为热的排放量也就越大，这也从一个侧面反映出，人为热的排放与城市热岛的形成密不可分。

我国部分城市人口密度及热岛强度 **表1-1**

城市	城市面积（km^2）	人口（万人）	人口密度（人/km^2）	年平均热岛强度（℃）
沈阳	164	241	14680	1.5
北京	88	239	27254	2.0
西安	81	130	16000	1.5
兰州	164	90	5463	1.0
上海	140	603	43120	1.2
广州	55	300	55050	0.6～1.0
香港	94	374	39800	0.8

数据来源：网络课件。

三、热浪频发

在全球气候变暖以及城市热岛效应的影响下，高温热浪作为一种极端天气事件频繁爆发。在过去几十年间，全球的城市都不同程度地出现了热浪增加的趋势。高温热浪以高温低湿为基本天气特征，是一种较短时间尺度的天气灾害。高温热浪形成的原因与大气环流异常直接相关，而气候变暖、变干则是近些年世界范围内高温热浪频发的重要因素之一。

高温热浪的频繁发生给自然环境、城市的发展以及人类的健康带来了极大的危害。由于高温热浪的发生常伴有低压少雨，这将进一步加剧土壤水分的快速蒸发以及植物的蒸腾作用，加速旱情的发展，阻碍农作物的正常生长繁殖。除此之外，高温热浪还易引发森林火灾，生态环境有被破坏的隐患。在高温热浪气候背景下，城市的发展受到阻碍，建筑物的寿命受到威胁，水电需求紧张使得水电供应故障频发，城市交通和旅游业也会受到不同程度的影响。高温热浪不仅危害到自然环境和城市发展，还会给人类的健康带来更为严重的威胁。高温热浪天气下，中暑、呼吸道疾病、心脑血管疾病以及部分传染性疾病的发病率会有显著的提高，在同等天气条件下，婴幼儿、老年人以及慢性疾病患者等人群则更容易受到高温热浪的负面影响，其影响程度与环境、社会以及热浪特征等因素有直接关系，并存在“滞后效应”和“收获效应”。2003 年夏天，高温热浪先后在北半球各个国家爆发，其中，英国气温超过了其 130 年以来的最高值，欧洲的酷暑导致法国 14082 人丧生，其他国家分别为意大利 4175 人，葡萄牙 1300 人，荷兰 1000～1400 人，比利时 150 人。

在全球变暖、城市热岛效应以及高温热浪频发的气候环境变化背景下，有必要尽快分析这些气候变化的成因，并且制定出相应的有效措施来改善人类居住环境的热舒适度。

第四节　城市环境变化

城市建立的目的是为人类提供便利的居住、生产和生活条件。近些年，城市土壤温度和气温的不断升高，对城市生态系统的影响不容小觑。除此之外，随着人类活动的增加，城市也成为大气污染高发的场所，各种有害气体和悬浮颗粒物在此聚集，极大地危害着人类的健康。

一、城市土壤

土壤是地球表层系统自然地理的重要组成部分，是地球表层系统中最活跃、最富有生命力的圈层。“土壤圈”一词最先由瑞典学者 S. Matson 于 1938 年提出，是覆盖于地球陆地表面和浅水域底部的土壤所构成的一种连续体或覆盖层，犹如地球的地膜，与大气圈、水圈、岩石圈和生物圈共同构成自然环境的五大圈。由图 1-1 可以看到，土壤圈处于其他圈层的交界处，成为连接其他圈层的纽带，与其他圈层之间进行物质能量交换。

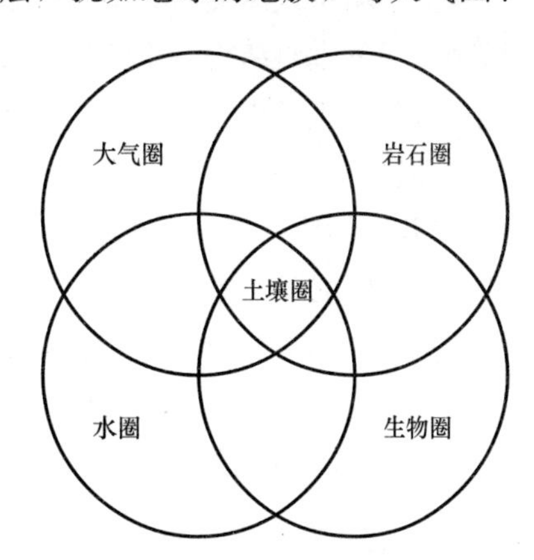

图 1-1　土壤圈在自然环境五大圈中的位置

图片来源：本书作者自绘。

城市土壤是指受人类活动影响的，非农用的，并且由于土地的混合、填埋或污染而形成的厚度大于 0.5m 的城区土壤。城市土壤广泛分布于公园、道路、体育场、城市河道的周围，或被建筑物和工程设施所覆盖。城市土壤是城市生态系统的主要载体，在城市生态系统中起着至关重要的作用，直接或间接地关系到城市居民的生活环境质量。

随着城市的建立和城市化进程的不断加快，人类对于原有自然界景观的改造程度也越来越大，大量的人工构筑物，例如建筑物、道路、桥梁等，取代了原有的地表景观和植被，成为新的土壤覆盖类型。这些人工构筑物为人类的活动提供了场所以及便捷的运输条件，使得城市系统的运转速率大大提升。但是，一些负面效应也开始随之显现。城市中大部分土壤被建筑物和道路这些不透水的材料（沥青、水泥和石材）所密封覆盖，不仅土壤的形态，物理、化学和生物属性受到人工构筑物和人为活动的巨大影响，而且，土壤的生态服务功能也受到了强烈的冲击。城市土壤的压实和板结是普遍存在的现象，且大部分土壤与大气环境隔绝，这些因素影响或改变了城市土壤气体逸散、降水下渗和生境，而且也影响到土壤的热力学过程和表征。

除此之外，城市内部人工构筑物数量的不断增加，其边界与土壤的交界数量也逐渐增多，城市土壤与人工材质交错带数量的增加，使得原有土壤被建筑物、道路等人工构筑物分割成为块状的小区域，城市土壤环境逐渐呈现破碎化状态，且土壤斑块破碎程度在不断加大。夏婕从景观生态学的角度对城市土壤破碎化的过程进行了探讨，她认为，人类城市的过度工业化发展导致了城市土壤破碎化程度的增加，有必要在城市建设工程中合理利用和规划土壤资源，以保护城市土壤这道生态屏障。

二、城市气温

由于城市建筑物的三维结构特征，造成其对太阳辐射具有捕捉作用，建筑密度高的区域对太阳辐射的捕捉作用更加明显，因此，建筑物外墙对热量的吸收势必会造成建筑物外墙表面与大气发生热量交换，对其周边气温产生一定的影响。作为自然界中原本不存在的景观元素，城市建筑物的外墙在每日不同时段分别作为城市大气的热源（建筑物向周边大气释放热量）与热汇（建筑物从周边大气吸收热量），且随着高度的不同而与大气进行不同强度的热交换，进而影响城市建筑物周边的大气温度，最终造成整个城市气候的变化。城市热岛效应即是城市建筑物对城市气温影响的最直接表现。

关于城市气温的研究不胜枚举，基本上聚焦于研究城市气温和乡村气温的差异，以及城市气温的垂直结构（不同高度气温差异）等方面。但是，学术界在城市建筑物对周边气温以及微气象条件热影响方面的研究还鲜见报道。作为构成城市下垫面的重要组成部分，城市建筑物对于改变城市能量流通的影响不容小觑。城市建筑物多为砖混或钢混结构，相对于城郊以及乡村地区而言，城市建筑物对太阳辐射的吸收率较高，而反射率较低，因此，在相同的日照条件和气候条件下，城市建筑物更加容易吸收热量。另外，城市建筑物的比热容较小，而热容量和热导率相对较高，从而形成城市下垫面的温度要高于郊区绿地的温度，这对气温也有十分显著的影响。由此可见，城市建筑物对于城市气温的影响值得作进一步深入的研究。

三、城市微气候

城市微气候在不同城市之间，以及同一城市的不同地区之间是存在显著差异的，是受到城市发展影响的，复杂并且动态的小范围地方性区域气候。学术界对城市微气候的概念界定还未统一：Landsburg 认为，微气候是受到地面植被、土壤和地形影响的地面边界层；Meerow 等人则将微气候限定在可改善的小范围的地方性区域内；Santamouris 等人更具体地界定了微气候的尺度，是在几千米的特定区域内；秦文翠的研究结果将微气候限定在了街区尺度上。总体来说，学者们都认可城市微气候的小尺度特征。

城市微气候是城市形式以及人为活动相互作用的结果。在城市形式方面，城市大量涌现的人工构筑物（例如各种体量和形态的建筑物、柏油马路、停车场以及硬化地块等）让城市形态越发复杂化，其中，高密度的高大建筑物还直接影响城市空气的流动方向及速度，大量污染物聚集在城市上空难以扩散和沉降，产生严重的城市空气污染问题。在人为活动方面，大量人为热的排放对城市下垫面温度的影响作用十分明显，建筑物、植被以及大气之间的水热过程对城市微气候的形成起到重要作用。在上述因素的共同作用下，城市内部微气候环境与郊区地区的微气候环境出现差异。因此，对城市微气候的研究关系到城市内部结构以及人类活动，对城市规划、景观设计以及城市环境的改善和修复都具有极其重要的应用价值。

城市微气象条件是城市微气候的基础，长期的微气象特性形成城市微气候。在本书中，城市微气象条件是指由于城市构筑物具有三维空间结构而影响到其周边区域的日照时数不同，进而形成的城市内部局部的微环境。

基础篇

第二章　社会-经济-自然复合生态系统

从生态学角度来看，城市是地球表层具有高强度社会、经济、自然集聚效应和大尺度人口、资源、环境影响的微缩生态景观，是一类以密集的人流、物流、能流以及高强度的区域环境影响为特征的社会-经济-自然复合生态系统，该理论由马世骏院士和王如松院士共同提出。如图 2-1 所示，社会-经济-自然复合生态系统共由四个子系统构成，分别是自然子系统、社会子系统、经济子系统和科学子系统。

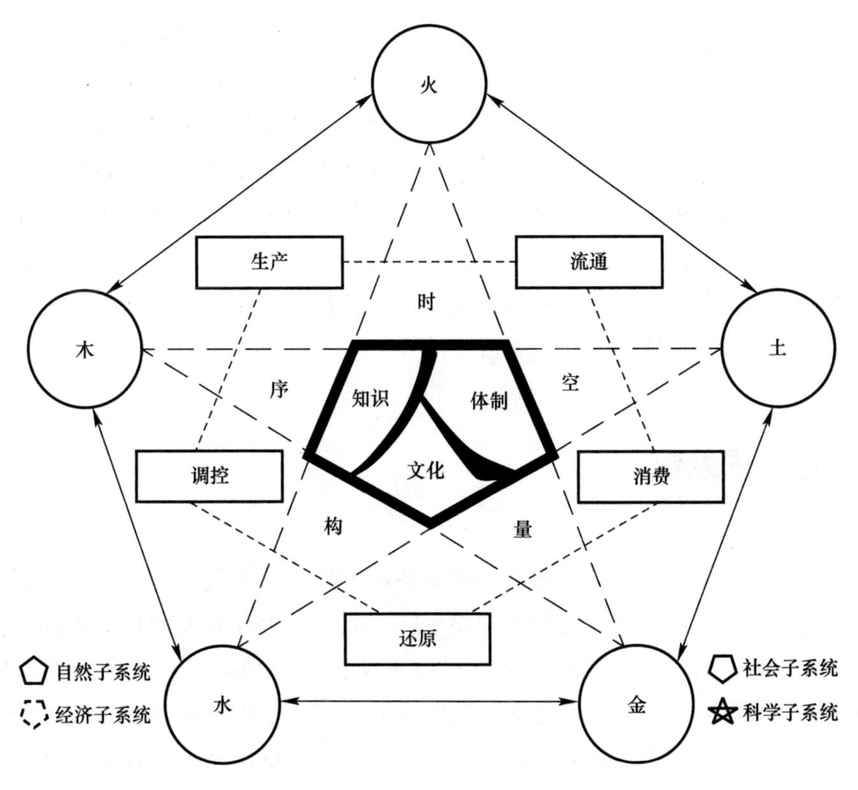

图 2-1　社会-经济-自然复合生态系统

图片来源：王如松院士 2008 年发表在《城市规划学刊》的论文。

第一节　自然子系统

自然子系统是由我国的五行元素所构成，分别是木、火、土、金和水。其中，木代表生物，包括植物、动物和微生物；火代表能和气，能即能量，包括太阳能、化石能、电能和热能等，而能量的驱动又会导致一系列的空气流动和气候变化，提供生命生存的气候条件同时也导致了各种气象灾害和环境灾害的发生；土代表土壤、土地、地形、区位和景观等，是人类生存之本；金指的是金属、建材、化工原料及其他地球化学循环元素等，人类活动从地下、山里、海洋所开采的大量矿物和原料，在加工和使用过程中，大部分以废弃物的形式返还到自然界中造成污染；水则是指上水的源、下水的汇、雨水的补和空气水的润，包括水资源、水环境、水生境、水景观和水安全等，有利有弊，既能造福也能成灾，如水多、水少、水浑、水脏就会发生水旱灾害和环境事故。

第二节 社会子系统

社会子系统由体制、知识和文化所组成。人是社会的核心，也是复合生态系统中最为活跃的因素，兼具复杂的社会属性和自然属性。一方面，人是社会经济活动的主人，以其特有的文明和智慧驱使大自然为人类服务，使其物质文化生活水平以正反馈为特征持续上升；另一方面，人是大自然中的一员，其一切宏观性质的活动都不能违背自然生态系统的基本特征，也都受到自然条件的负反馈、约束及调节，两种力量的动态平衡正是复合生态系统的最基本特征。哲学、科学、技术等构成了社会子系统中人的知识系统；政策、法规、文件等构成了社会子系统中的体制系统；在人类长期进化过程中所形成的理念、信仰和文脉等构成了社会子系统中的文化系统。

第三节 经济子系统

经济子系统以人类物质能量代谢活动为主体，由生产、流通、消费、还原以及调控这五个环节所组成。人类将自然界的物质和能量转变成自身生存和发展所需产品，满足眼前和长远发展的需要，构成生产系统；生产规模不断扩大，当超过自身所需时，便出现商贸、金融、信息以及人员的交换和流通，构成流通系统；在生产和流通过程中所出现的物质消费、精神享受以及固定资产的消耗，就构成了消费系统；当产品逐渐从“有用”变为“无用”时，便会被还原到自然生态系统中，进入生态循环，构成还原系统；在整个经济子系统中，政府的行政调控、市场的经济调控、自然调节以及人为调控等不同调控途径贯穿其中，构成调控系统。

第四节 科学子系统

随着学科的发展，社会-经济-自然复合生态系统又加入了新的子系统，即科学子系统，该子系统由五个部分所组成，分别是时、空、量、构和序，用以研究各个子系统内部和各个子系统之间在时间上、空间上、数量上、构成上和秩序上的生态耦合关系。其中时间关系包括地理变迁、地质演化、生物进化、文化传承、城市建设和经济发展等不同的时间尺度；空间关系大到整个区域、流域，小到街区、社区；数量关系包括密度、速度、规模等量化关系；构成关系包括产业结构、资源结构、社会结构、人口结构等；秩序关系在每个子系统中都存在，如竞争序、共生序、自生序、再生序和进化序。

本书的研究对象是自然子系统中的一部分，涵盖了自然子系统中的金、火和土。其中金指的是城市建筑物、道路等人工构筑物；土指的是土壤；而火则是大气以及连接大气-建筑物-土壤之间的能量。

第三章　土壤温度

第一节　城市土壤温度升高

城市热岛效应是近几十年来城市环境研究的焦点问题之一，但是，大部分学者的研究核心是城市气温和乡村气温的变化及差异，很少有人注意到城市土壤温度以及地下水温度也在逐步升高。土壤温度是指地面以下土壤中的温度，城市土壤温度是描述城市土壤的重要生态因子，不仅影响着土壤的碳排放、能量流动、土壤异养呼吸作用、微生物分解作用、细根呼吸作用以及营养元素循环等众多生态过程的发生速率，同时，还与城市气温、环境热舒适度等城市微气象/微气候特征直接相关。城市土壤温度升高会对城市微气象条件、微气候环境以及土壤生态过程产生不良的影响，甚至还可以造成城市土壤承重特性的改变，进而对城市建筑物地基的稳固性构成威胁。

在城市中，除了空气温度受到城市热岛效应的影响而升高之外，城市的土壤温度也会因城市热岛效应而升高。关于城市土壤温度的研究已经具有了一定的规模，但大部分研究的关注重点仍是城市土壤温度相对较高，且城市土壤温度变化速率相对较高这一现象。已有大量的报道指出，城市建成区内的土壤温度有升高的趋势，包括土壤表层的温度和土壤深层的温度变化。南京市区的土壤平均温度高于郊区土壤平均温度 2.02K，且土壤温度变异性非常大；南京市区地表以下 0.1～1.5m 的土壤温度平均高于附近乡村地区相同深度的土壤温度 1.21K；土耳其安卡拉地区地表以下 0.5m 以内的土壤温度高于乡村地区对应深度的土壤温度 1.8～2.1K；美国纽约市的城市土壤温度比附近林地的土壤温度高出 3.13～11.2K，且夏季平均温度与冬季平均温度差异分别为：城市土壤 23.11K，林地土壤 13.20K，这表明，城市内部土壤热过程与林地有所不同；美国新泽西州 New Brunswick 校园内停车场附近的绿地土壤温度高于对照区土壤温度 3K，而沥青覆盖下的城市土壤温度则高出对照土壤温度高达 10K，且这些区域内的土壤升温速率较高。

第二节　城市土壤热力学过程

城市建筑物在建设过程中引入了大量的沥青和混凝土，这些材料的热力学性质不同于城市的土壤，其中，沥青的比热容为 1674.8J/(kg·K)，混凝土的比热容为 837.4J/(kg·K)，土壤的比热容与其质地和含水量有着密切的关系，变化很大，极端干燥的土壤比热容与混凝土相当，为837.4J/(kg·K)，随着含水量的增加，土壤的比热容也逐步升高，当含水量达到50%时，土壤的比热容高达2093J/(kg·K)；这些材料在对太阳的反射率方面同样也存在着类似的差异，土壤对太阳的反射率为0.17，而水泥对太阳的反射率为0.37。此外，这几种下垫面材质的热扩散率也不尽相同。上述因素的共同作用导致了沥青与混凝土的表面温度高于土壤的表面温度，不同下垫面材质在温度上的差异性决定了能量在土壤-建筑物这个系统中的传递方向，即温度较高的城市建筑物作为热源向温度较低的土壤传递能量，这一点也正是热力学第二定律所阐释的内容。

第三节 城市建筑物对土壤温度的影响

城市土壤温度升高的原因有很多，大部分学者将其归因为城市热岛效应以及全球变暖的后果。实际上，城市建筑物作为热源向周边土壤传导热量，导致城市土壤温度升高的作用同样不容小觑。本书认为，城市土壤温度较高的根本原因有以下四个：

第一，城市建筑物单体与周边土壤之间的热传导，这将是本书实践篇的重点内容。

第二，城市建筑物群体的三维空间格局造成其毗邻土壤的微环境发生变化，改变了土壤的能量收支过程，从而出现地表温度过高的现象，引发长波辐射的增加，进而导致城市热岛效应发生，这是在建筑物单体研究的基础上更深层次的研究。

第三，除城市建筑物外的其他人工构筑物，如道路等与周边土壤之间的热传导，这部分内容不是本书的重点，仅作简要介绍。

第四，人为热对城市土壤也可以起到一定的加热作用，这部分内容本书不作介绍。

一、建筑单体的影响

与欧美地区的建筑物大部分相互连接或间距很小不同，我国城市的建筑物多为单栋存在，建筑物之间具有较大的间隔，这些间隔的主要覆盖类型有道路、绿地以及裸地等。因此，探究我国城市建筑物单体对其周边大气温度的影响对研究国内城市热岛的形成与动态特征具有重要的科学意义，进而为缓解城市热岛效应提供理论和实践的基础，有利于人类与自然生态系统和谐相处，实现真正意义上的可持续发展。

城市土壤温度不仅与气温相关，而且与许多生态系统过程直接相关，例如，土壤异养呼吸、微生物分解、养分循环、细根呼吸等。城市建筑物对周边土壤温度的影响过程是控制这些生态过程的关键因素之一。土壤温度在城市的不同区域中存在差异，除去遮荫引起的温度差异以外，城市建筑物与其周边土壤之间的热传导也会造成局部土壤温度发生变化。关于城市建筑物单体与周边土壤之间能量传递的研究成果已经有很多，但大多数的研究都是分析如何实现建筑节能，鲜有将建筑物-土壤作为一个系统所进行的研究。

Santos 和 N. Mendes 以城市建筑物作为研究对象，使用了 Philip 和 De Vries 所提出的经典理论，结合土壤特性与城市建筑物的材料特性，分析了土壤温度和水分在一定程度上影响城市建筑物低层范围内的热过程。Givoni 的研究显示，在沙特阿拉伯以及其他的炎热地区，城市建筑物周围的土壤可以作为建筑物的冷源，保持城市建筑物的温度不至于过高；也有学者研究了城市建筑物通过水泥介质向周边土壤传送热量的过程：Mihalakakou 等人研究了在外部温度不断变化的环境中，城市建筑物以下土壤温度的变化，并得出了较好的模型，用以预测城市建筑物以下的土壤温度；Landman 计算出不同材料的城市建筑物保温层与周边土壤之间的热交换。上述研究结果表明，城市建筑物作为热源与毗邻土壤之间存在着热量的传导。

城市建筑物是导致城市土壤温度升高的重要原因。城市建筑物向周边土壤传递热量，使土壤温度逐渐升高，其结果是土壤热力学过程特征表现为土壤温度相对较高且温度变幅相对较大。不同材质的建筑物与土壤之间具有不同的热传导强度。建筑物与土壤之间在垂直方向上的热传导可以使用模型进行模拟，用以预测城市建筑物以下的土壤温度。建筑物与周边土壤之间的横向热传导可以通过热通量板来进行观测，并且与气象因子具有强相关性。在土壤与人工材质的交错区域研究城市建筑物对周边土壤的热影响，不仅有助于探索城市土壤温度升高的机制，同时还可以为城市规划中的土地利用方式提供翔实的数据支撑，也对缓解城市热岛效应有所助益。在微小尺度上，城市建筑物单体对周边表层土壤在水平方向上的热影响模式、影响因子、昼夜以及季节节律等研究，本书将在实践篇详细进行介绍。

二、建筑群体的影响

城市建筑物不仅对自身所在区域有影响，对附近区域也会产生影响。巴黎只允许将高层的建筑物建设在老城区西部的德方斯新区，用以将高层建筑物对原有城区的影响降至最低。而在我国，城市建筑物群体三维空间格局呈现十分混乱的特点，由于快速城市化进程，我国高层建筑物的发展模式具有一定的独特性，城市中土地价值的级差效应决定了城市中心区的高层建筑物呈现无序化的发展态势。

城市微气象条件是城市微气候环境的基础，长期的微气象特性形成了城市的微气候环境。城市微气象/微气候环境与城市建筑物的三维空间格局之间存在着必然的联系，城市建筑物的三维空间格局在城市微气象/微气候方面的作用十分明显。城市建筑物的空间几何形态以及城市建筑物的三维空间格局可以改变城市内部能量的辐射路径和小区的风场分布；城市建筑物的三维形态与空间格局指标直接影响着建筑物对太阳光能和辐射的捕获，其所造成的城市微气象/微气候条件的改变足以影响局地的物候条件，对城市地表温度和土壤温度也具有一定的影响。

城市内部的大部分区域由建筑物组成，并取代了原有自然土地的覆盖类型，不仅建筑材质的物理性质不同于自然植被，城市建筑物群体所构成的三维空间格局还会导致城市土壤热力学过程在昼夜、季节和年际尺度上发生改变。与单体建筑物相比，城市建筑物群体内部的微气象/微气候环境和能流路径更为复杂，城市建筑物群体的三维空间格局特征在城区不同的空间位点营造出不同的微气候特征，改变太阳辐射、建筑物外墙长波辐射等多种能量路径，并且也改变了建筑物周边土壤的能量收支过程，对土壤温度以及相关的生态过程造成更加复杂的影响。

随着我国城市化进程持续推进，城市中的高层建筑物数量与体量不断增加，城市建筑物高度也随之增加，建筑物的三维空间格局更为复杂。对于城市建筑物群体的三维空间格局研究已经超出了传统景观生态学的研究范畴，单纯的土地利用和斑块分析也已经不能满足研究的需要，因此必须采用能够与城市建筑物群体三维空间格局相匹配的指标体系。当前，国内外的学者已经开始注意到城市建筑物群体三维空间格局对周边环境的重要性，城市建筑物群体三维空间格局的定量分析及其带来的环境效应必将成为未来研究的新方向，但相关研究目前还处在初级阶段。

在城市三维景观特征方面，目前有一系列的指标可以用于进行城市生态系统与城市景观的研究，包括平均景观高度（ML）、景观起伏度（LHR）、最高景观指数（HLI）、景观高度标准差（LHSD）以及景观高度变异系数（LHCV）；通过计算不同时期的景观格局指数，比较其在时间维度上的变化，还可得到该区域内景观格局的演变趋势和过程。利用城市建筑物三维信息可以构建出建筑物群体三维空间格局评价指标，包括高度、密度、体积、体量、表面积、空间分布与空间拥挤度等。

天空开阔度（Sky View Factor）和街道峡谷宽高比（Canyon Aspect Ratio）也是城市建筑物群体三维空间格局特征的指标，经常用于城市微气象/微气候以及城市大气污染的研究。完整的街道高宽比（Complete Aspect Ratio）、封闭性（Occlusivity）、粗糙高度（Roughness Height）、零平面位移高度（Zero-plane Displacement Height）、建筑物的总容积/数量（Total Building Volume/Number of Buildings）、高度的标准差（Standard Deviation of Height），这几种街道形态的指数与城市微气象/微气候条件情况的联系最为紧密。此外，城市街道的朝向同样也是一个非常重要的指标。而城市建筑物的面积所占百分比、建筑面积密度、屋顶面积密度、建筑锋面面积指数、空气动力学粗糙度参数、建筑材料重量等，也都属于重要的城市建筑物群体的三维空间格局指标。城市建筑物群体的三维空间格局指标体系的构建，可以将错综复杂的城市建筑物形态以及城市建筑物群体的三维空间格局特征进行简单化的呈现方式，也是撇开复杂的城市建筑三维形态和空间格局，而抓住其本质特征的方法，还是探索城市人工设施影响周边生态环境的基础。

目前学术界在城市三维景观特征和建筑物三维空间格局特征指标体系的研究大多是以建筑物单体自身形态作为评判标准，而对城市建筑物三维空间格局对城市表层土壤热力学过程影响的研究成果相对较少，仅有对天空开阔度与街道高宽比两种指标可造成地表温度不同的报道。上述研究结果并未涉及城市建筑三维空间格局对周边土壤温度的影响在昼夜、季节以及年际尺度上的变化模式，也未将城市微气象/微气候条件与城市土壤温度的变化规律相联系并加以分析。因此，有必要建立一套完整的城市建筑物三维空间格局特征指标体系，用以研究建筑群体与周边环境间的相互作用关系。

三、城市道路的影响

城市道路是城市的重要组成功能单元和基础设施，在城市系统中起着至关重要的作用，其主要功能是裁剪和分割建设用地及组织多元交通。城市道路是连接城市各功能单元的脉络，也是城市生态系统的景观廊道，占据城市建成区面积的25%以上。作为城市建成区的重要组成部分，城市道路的建设同建筑物一样，也是将大量的沥青、混凝土和石材等建筑材料引入了城市，替换了城市生态系统原有的土地覆盖类型，成为硬化的不透水的城市下垫面，造成城市土壤与城市大气之间能量传递路径的改变。并且，城市道路所用的建筑材料在热力学性质上与绿地不同，城市道路在白天通常能够吸收更多的热量，温度升高比城市土壤快，可以看作是土壤的热源，使得靠近道路的土壤温度较高。

道路作为城市人工构筑物的一种，学者们对于道路向土壤传导热量的研究并不是很多。Bogren 等在其研究中指出，道路可以为周边环境提供更高的温度。杨俊华报道了道路周边土壤的特点，并发现了道路周边土壤温度相对较高的特性，但并未提及道路对于土壤温度的影响程度。Delgado 的研究表明，道路可以被看做是岛屿上的热源，其温度要高于周边林地的温度，并指出在道路向林地过渡的过程中，前 3m 的土壤温度变化最为明显。这些构成了道路向土壤进行热量传递的基本要素。道路向土壤传导热量势必会引起毗邻土壤温度的升高，对于周边大气的辐射强度也会随温度升高而增加，从而使得气温升高，此外土壤温度的升高会造成土壤生境的改变，植物根系、土壤动物以及土壤微生物都会因为生境的改变而受到影响。

本章小结

城市人工构筑物会影响到周边土壤与环境之间的能量传递，导致城市土壤温度发生变化。城市中地表温度过高引起长波辐射增加，是导致城市热岛效应的重要驱动力之一，城市建筑物外墙对日照的反射，以及其自身长波辐射在建筑物之间多次的反射，同样也是造成城市土壤温度升高的重要原因之一，而城市建筑物的三维形态与空间格局直接影响上述热辐射的强度与路径。城市建筑物对周边土壤温度的作用改变了土壤的热力学过程，冲击了土壤的生态环境，进而改变了土壤的生态服务功能。研究城市建筑物的三维形态与空间格局对城市土壤温度的影响、在城市建筑三维形态与空间格局的影响下城市土壤热力学过程的响应，以及这种影响的机制同样也具有重要的科学意义，这一研究工作的开展将为城市建筑物空间热环境的改善、城市环境热舒适度的提升，以及城市生态系统服务功能的增强提供基础的数据，还将为我国新城镇化建设提供科学依据、为城市规划和建筑物标准提供方法学和技术上的补充、为缓解城市土壤温度偏高的问题提供科学支撑。总体来说，针对城市土壤温度升高的现象，需要通过生态学的方法进行优化，以缓解城市中偏高的土壤温度；同时也需要兼顾城市建筑分布的合理性与人类舒适度。

第四章　大 气 运 动

第一节　气温升高

城市热岛效应与城市建筑物之间存在着显著的相关性，在英国这种关系可以涉及观测点500m以内的建筑密度，且相关系数可达0.9。学术界关于建筑物和气温的研究成果主要包括：城市屋顶与地面温度特征的研究，其结果表明，城市屋顶对于城市热力状况有着很大的影响；关于单体建筑对其周边气温的影响，学者们比较关注的是建筑物外墙周边的气温在不同时刻的分布；建筑物不仅影响其周边气温，也在昼夜尺度和季节尺度上对其周边气温的垂直结构产生影响，其主要方式是热量传递；在不同纬度地区，建筑物对其周边气温均有影响，且与建筑物外墙接受的太阳辐射有着直接的关系；建筑物外墙吸收的太阳辐射以及反射的长波辐射对周边气温起到加热作用，使局部气温升高。学者们的研究表明，建筑物外墙对于局部气温升高的作用不可忽视。

第二节　大气污染

城市建立的原本目的是为人类提供便利的居住、生产和生活条件。目前，我国已有超过50%的人口居住在城市之中，但随着人类活动的增加，城市却成为大气污染的高发场所，各种有害气体和悬浮颗粒物在此聚集，极大地危害着人类的健康。近年来，中国空气质量整体加速恶化趋势明显，极端大气污染事件频繁发生。《2017中国环境状况公报》结果显示：开展空气质量新标准监测的338个城市中，仅有99个城市的空气质量达标，占比29.3%。

城市大气环境污染的成因主要有两个方面：一方面，城市大气污染与污染物的排放相关，如城市内部因人类活动而产生的有害气体和悬浮颗粒物（工业与交通）。在我国，城市能源的供给主要依赖于煤炭与石油等化石燃料的消耗，化石能源消耗会产生大量大气污染物，如PM 2.5、NO_2、SO_2以及其他次生污染物等，故以化石燃料消耗为主的能源结构是导致城市大气污染排放量增加的主要原因；此外，机动车尾气也是城市大气污染排放量增多的重要驱动力之一。关于减少污染排放以及进行清洁生产的研究不计其数，这并不是本书所关注的重点，故不多作阐述。另一方面，城市大气污染与城市内部不利于大气污染物及时扩散的微气象/微气候条件息息相关。例如，在城市中受局地气候的影响，导致逆温层的形成，使得大气稳定性增加，限制大气污染物的传输，导致大气污染在城市中聚集。事实证明，大气污染对人体呼吸系统、心血管系统以及脑血管系统均有不同程度的危害。2012 年，全球有近 370 万人的死因可以归结为是大气污染；到 2013 年，这一数字已经增长到了 550 万人；根据世界卫生组织的最新统计数据显示：目前每年因空气污染导致疾病而死亡的人数高达 700 万。而我国因大气污染所导致的死亡人数也已达到了 160 万人。因此，有效治理城市大气污染已经成为全国范围内城市建设必须面对的重要问题。

一、逆温层

城市严重大气污染的出现和逆温层的形成有着密不可分的关系。逆温层是一种在城市中非常常见的大气现象，即靠近地表的大气位温（把干空气块绝热膨胀或压缩到标准气压 1000hPa 时的温度）低，远离地表大气位温高的一种垂直梯度表征，是不利于大气污染扩散的重要气象条件之一。逆温层造就了局部稳定的大气环境，阻碍了逆温层内部空气的垂直对流，影响了城市大气污染物向外传输，不利于大气污染的扩散。到目前为止，学术界对逆温层的研究成果颇丰，在我国，以年际尺度而言，与其他季节相比，逆温层在冬季更容易形成，其每个月出现的天数要高于其他月份；以昼夜尺度而言，相较于其他时间段，逆温层在早晨和傍晚形成的概率更高。同时，大量研究表明：以年际尺度而言，大气污染天气在秋冬季节更加容易形成；以昼夜尺度而言，大气污染在早晨与傍晚的浓度最高。对比可见，大气污染天气的出现和逆温层的形成有着密不可分的关系，我国城市之中严重大气污染的出现时间，无论是在年际尺度上，还是在昼夜尺度上，都与逆温层容易形成的时间段相吻合。

逆温层在对大气污染扩散中具有非常重要的影响作用。对此，学者们一直积极在探索逆温层对大气污染聚集的作用机理，目前已经得出了较为一致的结论：逆温层可以为大气污染聚集提供有利的条件，逆温层底高与空气质量指数也存在着显著的负相关关系，即逆温层底高越低，大气污染越严重；逆温层的存在以及维持时间的长短是导致大气污染持续的重要条件，即逆温维持的时间越长，大气污染的累积就越多；低空逆温层使得大气扩散条件进一步发生恶化，近地表面存在持续时间长、厚度高、强度大的逆温层更容易使大气污染物聚集在近地表面，形成高浓度的大气污染环境，持续存在的、较厚的、较强的贴地逆温层使得污染物被聚集到地表较低的高度；在污染源排放强度变化有限的范围之内，近地表大气污染与逆温层的形成有着统计学上的相关关系，在大气污染聚集的时候，近地表逆温层强度要高于空气良好的时期，逆温层和大气污染聚集与消除在时间上同步。

在城市边界层尺度上研究逆温现象与大气污染关系的成果已经十分丰硕了，但在城市冠层尺度上的相关研究还较为浅显。随着城市化进程速率的不断加快，大量的建筑材质流入城市，被加工成不同形态的建筑物、道路等人工构筑物，取代了原有的自然土地覆盖类型，形成了与自然地貌完全不同的人工城市景观，有着独特的三维空间结构与布局，并且组成了城市冠层（Oke 将其与城市边界层区分开来）。城市冠层是人类居住和生活的主要场所，地表覆被类型的变化极大地改变了城市的热物理性质。同时，城市冠层内部的三维空间结构不利于通风，却有利于城市冠层内部逆温层的形成，使得污染物集中在城市冠层内部，不利于扩散。大气污染天气的发生与逆温层的形成密不可分，而城市使得逆温现象更加容易发生。在秋、冬季节，太阳高度角降低，城市建筑物的三维空间立体属性决定了城市冠层底部接收到直接太阳辐射的时间要短于城市冠层的顶部，城市冠层底部气温低于顶部，形成城市冠层内部的逆温层，稳定了城市内部的大气结构，底部大气垂直向上的运动受阻。城市冠层顶部的高温像盖子一样，将污染物与高空大气隔离，大量大气污染不断集结在近地表区域，加剧了城市内部的大气污染程度。

国内外的学者们对逆温层与大气污染的研究多以气象学与气候学的研究方法为主，研究对象通常限定在区域尺度上，常用的观测手段是利用直升机、飞艇、探空气球以及气象塔等进行实地采样与调研。直升机、飞艇和探空气球的运作成本相对较高，而且不能实现采样数据的连续观测；而气象塔基本架设在远离城市街道和城市建筑物的区域。因此，上述数据的观测方法极有可能会造成实际的城市内部大气污染浓度与观测数值出现一定的偏差。因此，学者们只能在城市边界层的尺度上集中研究逆温现象与大气污染之间的关系，而极少以城市冠层作为研究对象，研究其逆温层的形成及其与大气污染的相关性。总体来说，学术界缺少对城市冠层内部大气污染的分布以及逆温层状况高密度和连续的实际观测数据。

在今后的科学研究中，有必要更新和改善城市大气污染的观测方法和手段，得到城市冠层内部大气污染的高密度和连续观测数据，用以分析城市冠层内部的逆温现象发生以及消除的过程，并且了解城市冠层内部大气污染运动以及迁移的规律。与此同时，未来的相关研究应该更多着眼于改善城市建筑物的三维空间格局以及城市土地利用与覆被改造，为城市创造有利于大气污染物扩散的良好气候条件。

二、建筑物的影响

由城市中的建筑材质所构成的人工构筑物有着独特的布局及结构，并且组成城市冠层，即城市建筑物本身与城市建筑物之间的空间。受到城市构筑物三维空间结构影响的城市微气象/微气候条件是城市逆温层产生的重要原因，即在建筑物组成的城市空间中，不同区域的微气象/微气候条件因建筑物的三维空间布局及结构不同而有所差异，进而导致城市冠层内部逆温现象形成与消除。在城市化的过程中，过高与过密的建筑物占用了必要的开阔空间和绿地，形成独特的、具有立体布局及结构的人工环境，影响城市的日照与空气流动，引起城市微气象/微气候环境改变，并很容易引起逆温现象的发生，导致城市冠层内部大气结构更加稳定，极大地限制了城市冠层内部大气的垂直运动，阻碍大气污染物的扩散，以致大气污染在建筑物之间的滞留时间增加，累积效应明显，加重城市整体环境恶化的趋向。

城市建筑群的结构特征决定了建筑物之间空间的通透性，直接影响到建筑物之间空间逆温现象的发生以及大气的稳定性。首先，以钢筋水泥、砖石、沥青等不透水的建筑材料为主的城市地表，与以疏松、植被覆盖的土壤为主的郊区地表，在物理性质上存在差异（如反照率、热容、蒸散、地表粗糙度等），加之城市中工业生产、交通、居民生活等人为热的产生，使得城市内部气温明显高于农村地区（城市热岛效应），在局部大气环流的影响下进而形成城市的逆温现象。其次，在建筑物群体三维空间格局及结构的影响下，城市边界层的结构、局地风速、风向以及热量交换均发生改变，建筑物周边大气结构受到影响，进而影响到逆温现象以及大气的稳定性。一方面，城市中的建筑物鳞次栉比，具有立体结构特征的建筑物群体改变了太阳短波辐射、大气和地面长波辐射的流动路径，对城市空间中不同高度大气位温产生影响，从而诱发城市内部的逆温现象，使得大气结构更加稳定。例如，当太阳高度角降低时，城市建筑物群体的三维立体结构决定了城市冠层顶部的温度较高，因为顶部比底部接收更长时间的直接太阳辐射，有助于城市冠层内部的逆温现象发生，使得大气结构更加稳定。这也解释了我国秋季、冬季、早晨和傍晚时段逆温现象更容易发生、大气污染更严重的原因。另一方面，高低错落分布不均的城市建筑物群体，使得城市下垫面的粗糙度增大，对低层大气的摩擦拖曳作用增加，城市边界层的湍流作用增强，使得局地大气环流和气象条件受到影响，容易造成城市逆温现象的发生。大涡模拟的结果表明，城市建筑物会造成流场特征的改变，即位温梯度的分布变化，使得大气污染物在城市建筑群体附近区域聚集；城市建筑物的存在会造成来流风速的减弱，这种作用在垂直方向上可达到两倍于城市建筑物的平均高度，且该高度与来流风的风向不相关。

学术界对建筑物之间空间逆温现象的研究多集中于能量的平衡方面：

（1）最简单的slab模式：城市下垫面在模式中为裸土或平面，只区分不同下垫面的类型的热容量、热传导、反射率、粗糙度等，没有考虑建筑物的几何形状、高度、墙面和屋顶等的不同影响。

（2）多层城市冠层模式：多层模式不仅区分了建筑墙面、屋顶、路面的不同影响，而且将城市冠层划分为多层，考虑各层之间的相互作用，建筑物的几何形状为三维。

（3）单层城市冠层模式：由于多层城市冠层模式对水平分辨率要求很高，目前的中尺度数值模式难以达到，限制了它在中尺度模式中的应用，于是，单层城市冠层模式被提出，它也区分了墙面、屋顶、地面的不同影响，同时将街区简化为二维，但辐射过程处理为三维。

上述能量过程对城市逆温层的形成与消除产生一定的影响。城市街道峡谷在早晨8：00～10：00出现逆温现象，而且这一现象与城市早晨通勤高峰在时间上相吻合。建筑物顶部侧壁的热物理性质以及立体结构改变了建筑物之间空间的空气流动和热交换过程，进而影响城市边界层的组成，也因此容易导致逆温现象的形成。城市建筑物之间的空间在夜晚会形成近地表的逆温层，从而削弱地面再循环流，并在附近形成停滞的空气层，这些停滞的气流将增加城市逆温的强度，加重污染物累积。上述研究结果均表明，建筑物的三维空间格局对建筑物之间空间大气运动具有重要的作用，从而影响建筑物之间空间逆温现象的发生与大气结构的稳定性。

本章小结

城市大气污染与城市逆温层/大气稳定状态的形成（不良的扩散条件）具有较强的相

关性。逆温层/大气稳定状态可以稳定城市近地表的大气结构，减缓大气在垂直方向上的运动，不利于污染物在垂直方向上扩散。因此，大气污染物更容易在城市建筑物组成的城市冠层内部聚集，导致大气污染加剧，损害城市生态系统服务功能，并危害人类的身体健康。

城市建筑物之间的空间内部，即城市冠层中的逆温层与大气稳定性主要受自然条件和建筑物群体三维空间格局及结构的影响，其中，自然条件主要包括当地的气候气象特征、自然景观地貌特征等。人类对自然条件的可控程度十分有限，但可以合理规划或改变建筑物群体的三维空间格局及结构特征。通过人为调整规划设计和施工方案，人类可以达到调节建筑物之间的空间微气象条件的目的。合理的建筑物三维空间格局有助于消除城市冠层内部的逆温层，破坏大气稳定性，对城市大气污染的扩散起到积极作用。

国内外关于城市逆温现象与大气污染聚集的研究存在以下几个特点：

第一，研究的尺度相对较大，通常涉及气温随高度的垂直变化的多个大气垂直分层的问题。

第二，通过能量平衡的方法对城市逆温问题进行的系统的研究，即将整个城市作为一个整体，研究其与上层大气之间相互作用关系对逆温层形成与消除的影响。

第三，通过数字模型的方法，研究城市冠层内部建筑物外墙以及建筑物顶部，与周边大气的能量交换与流动。

虽然学术界关于城市逆温现象与大气污染聚集的研究已经取得了十分丰硕的成果，但是目前已有的研究鲜有关于城市冠层内部，即城市建筑物之间的空间内逆温现象的形成与消除规律的报道。然而，就城市而言，城市建筑物内部以及建筑物之间的空间作为大气污染排放与聚集的中心，才是人类进行各种活动的最主要场所，也关系到室内空气环境质量。因此，缩短城市建筑物之间的空间内部逆温现象的持续时间，以及疏导大气污染物向城市冠层外部扩散，对人类健康和生活质量的提升至关重要。

第五章　数据获取与处理

第一节　土壤温度与湿度

土壤温度与土壤湿度数据的获取主要依赖于数据采集器与土壤温度传感器和土壤湿度传感器的使用，如图 5-1（*a*）和图 5-1（*b*）所示。其中，土壤温度传感器的精度为 0.2K，土壤湿度传感器的精度为 2％（体积含水量）。

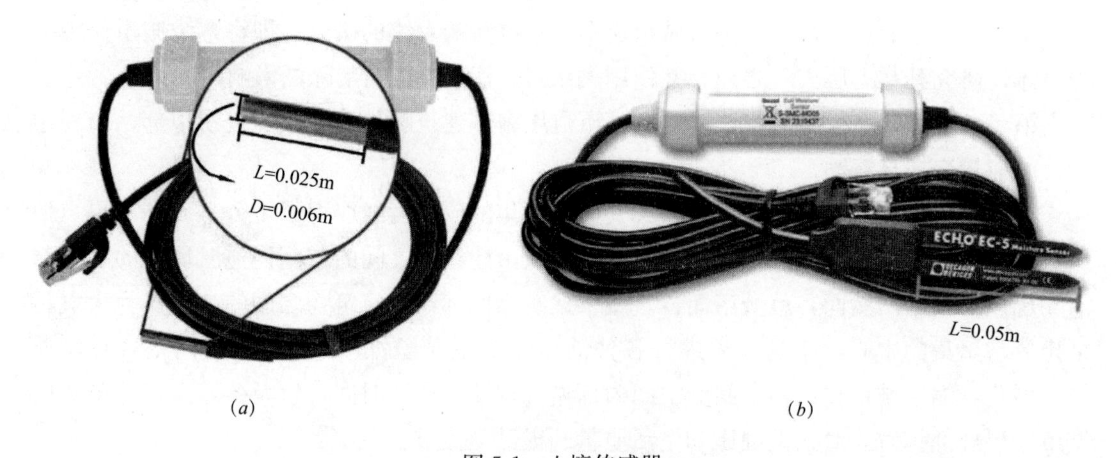

（*a*）　　　　（*b*）

图 5-1　土壤传感器

（*a*）土壤温度传感器；（*b*）土壤湿度传感器

L—土壤温度/湿度传感器的长度；*D*—土壤传感器的直径

图片来源：本书作者自绘。

利用数据采集器来记录土壤温度与土壤湿度的数据，采样间隔设定为 30s，记录时间为 60s，并且每 10min 求得一次平均值，作为土壤温度和土壤湿度的样本。

第二节　气象数据

气象数据主要是通过定点观测而获得的，还有一小部分数据通过欧洲气象中心数据库来获取。

定点观测的气象数据来自于本课题组自行架设的科研级全自动气象站，其采样间隔设定为 60s，记录时间间隔为 10min，每一次记录值作为一次气象数据的采集样本。测定的气象数据包括：气温、相对湿度、太阳辐射、净辐射、风速与风向、降水量、土壤垂直热通量以及建筑物—土壤横向热通量。以上数据参数分别通过气温与相对湿度传感器（精度分别为0.2K和2%）、太阳辐射传感器（精度为3%）、净辐射传感器［灵敏度为$10\mu V/(W \cdot m^2)$］、风速与风向传感器、雨量筒和土壤热通量板（精度为5%）来进行测定，如图5-2（*a*）所示。其中，气温与相对湿度传感器、太阳辐射传感器、净辐射传感器以及风速与风向传感器均安置在距离地表2m的高度；雨量筒安置在地表；土壤热通量板的安置依测定对象而定，当测定建筑物—土壤横向热通量时，将土壤热通量板安置在建筑基线上，正面朝向建筑物，背面朝向土壤，如图5-2（*b*）所示；当测定土壤垂直热通量时，将土壤热通量板安置在距离土壤表面0.02m深度的土壤中，正面朝上，背面朝下。

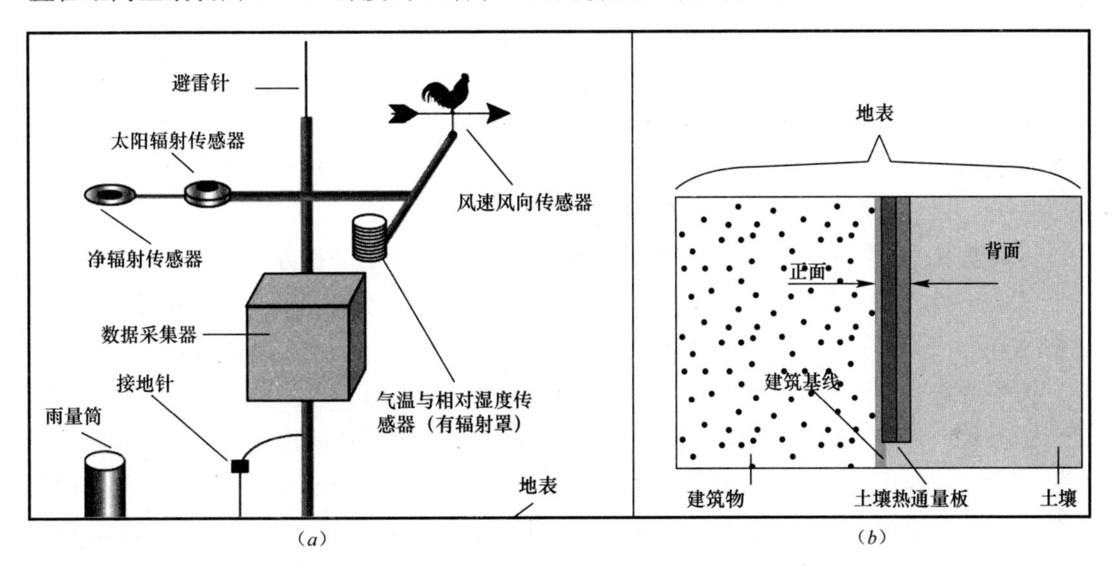

图5-2　自动气象站与土壤热通量板的安置

（*a*）气象站；（*b*）土壤热通量板安置

图片来源：本书作者自绘。

总云量的数据主要是从欧洲气象中心获取，该数据库内的数据分辨率为0.125经纬度，观测步长为6h，记录时间分别为北京时间2：00、8：00、14：00和20：00，获取数据的坐标点为40.000°N，116.375°E，距离观测点的直线距离为3.39km。

第三节　数据处理方法

一、数据统计

在本书中，数据统计方法主要有相关性分析、单因子方差分析、T-检验、层次分析法以及变差分解等。相关性分析、单因子方差分析以及T-检验结果使用统计软件SPSS 17.0获得；层次分析法以及变差分解结果依靠R 3.1.3版中hier. part程序包和vegan包计算。

单因素方差分析： 单因素方差分析用于分析多个平均数之间的差异，从而确定因素对试验结果有无显著性影响的一种统计方法。本书所采用的是 Duncan 算法，置信区间为 95%。

相关性分析： 相关性分析是生态学中常用的统计学分析方法之一，该分析方法目的在于找出两个随机变量之间的相关关系，通常相关系数介于－1 和 1 之间，当相关系数小于 0 时，称之为负相关，当相关系数大于 0 时，称之为正相关。在本书中，笔者使用 SPSS 17.0 进行随机变量之间的相关性分析，主要采用 Pearson 和 Spearman 两种方法，置信区间为 95%，其中，Pearson 相关性分析主要用于分析呈正态分布的样本，而 Spearman 非参数检验主要用于分析非正态分布的样本。

变差分解： 变差分解在生态学分析以及模型中变得普及。这种方法尝试分解因变量总变差来找出影响回归估计值代表性大小的因素。变差分解的方法包括冗余分析（RDA）和典范对应分析（CCA）等。如果是使用冗余分析 RDA，则是通过原始变量与典型变量之间的相关性，来分析引起原始变量变异的原因；如果是使用典范对应分析 CCA，则是将对应分析与多元回归分析相结合，来将每一次得到的样方排序坐标值与环境因子进行多元线性回归，以分析单个因子的贡献率。

层次分析： 是一种定性和定量相结合、系统化、层次化的分析方法，将决策总是有关的元素分解成目标、准则、方案等层次，最终目的是确定因子的权重。层次分析能够提供简洁实用的决策，并且所需的定量数据信息较少。因此，该方法在处理决策问题上具有实用性和有效性，目前在环境等多个领域具有广泛的应用。

T 检验： T 检验是用 t 分布理论来推论差异发生的概率，从而比较两个平均数的差异是否显著，主要用于样本含量较小、总体标准差 σ 未知的正态分布资料。T 检验的使用前提是样本变量呈现正态分布。T 检验分为单总体 T 检验和双总体 T 检验：单总体 T 检验是检验一个样本平均数与一已知的总体平均数的差异是否显著；而双总体 T 检验则是检验两个样本平均数与其各自所代表的总体的差异是否具有显著性。

逐步回归分析： 逐步回归的基本思路是将变量逐个引入模型，每引入一个解释变量后都要进行 F 检验，并对已经选入的解释变量逐个进行 t 检验，当原来引入的解释变量由于后面解释变量的引入变得不再显著时，则将其删除。以确保每次引入新的变量之前回归公式中只包含先主动变量。这是一个反复的过程，直到既没有显著的解释变量选入回归公式，也没用不显著的解释变量从回归公式中剔除为止。以保证最后所得到的解释变量集是最优的。逐步回归分析结果所得到的 β 值可以作为各个相关自变量的重要性指标，将几个相关自变量的 β 值取绝对值并进行加和，每一个自变量的 β 值所占这个加和的百分比为该自变量对于因变量的相对重要性。

二、数据拟合

数据拟合主要使用 Matlab 2012b 中的 Curve Fitting Tool 和 Sigma Plot 10.0 中的 Fit Curve 工具。其中，Sigma Plot 可以获得每个参数的 P 值，用以判断每个参数在统计学上的显著性。

实践篇

第六章　研究基础验证

第一节　理论假设

在计算城市建筑物对周边土壤温度的影响距离时，本书作者对不同观测样点的土壤温度样本依次进行统计学分析，采用单因子方差检验的方法，来判定这些观测样点是否具有统计学上的差异性。如果不同的观测样点间的土壤平均温度值具有统计学上的差异性（置信区间为 95%），则表明建筑物在构筑物-土壤微梯度观测样带上对表层土壤温度的影响具有统计学差异性，否则，则判断为建筑物对表层土壤温度的影响不具有统计学差异性。

在一般状况下，距离建筑物基线 0m 处起始点（Initial Point）的表层土壤温度最高，距离建筑物越远，表层土壤温度越低，建筑物对表层土壤温度的影响程度由大变小直至消失。在这种情况下，我们判断在构筑物-土壤微梯度观测样带上，表层土壤温度由起始点向远离建筑物的水平方向依次降低，相邻的两个观测点具有统计学的差异性，表明建筑物对这两点之间的热影响不同，存在温度梯度，当某一点与其后的观测样点温度均不具有统计学差异性时，该点被指定为稳定点（Stable Point），而该点的前一点与起始点之间的距离则被认为是建筑物对表层土壤温度的影响范围（Scope of Horizontal Heat Impact，S_h）。值得注意的是，当后面观测样点的土壤温度高于前面的观测样点的土壤温度时，或二者之间的温度差小于本研究所用温度传感器的精度（土壤温度传感器精度为 0.2K）时，此条法则不成立。

第二节　实验方法

一、梯度分析法的应用

梯度分析法是生态学中较为常用的研究方法，最初是由著名学者惠特克研究植物群落时所采用的方法。此后，大量学者利用梯度分析法取得了丰硕的研究成果，在城市景观研究方面，该方法同样适用。大部分学者将梯度分析方法运用在尺度相对较大的科学研究领域之中，观测空间间隔可达公里级别，这种研究方法可以用来表征大尺度上的群落特征、城乡尺度景观格局，以及城市内部的景观格局变化等。

但是，城市内部景观格局实际上非常复杂，各种土地利用类型相互交织，存在很多不同土地利用斑块的交错带，这些交错带以城市人工构筑物与土壤的交错最为常见。在城市内部，与城市人工构筑物毗邻的街旁绿地斑块，在数量和面积上都相对不足，分布较为分散，且景观分离度较大。因此，用于较大尺度上的梯度分析法并不适用于变化复杂的城市地表研究，该研究方法对于研究微小尺度上城市人工构筑物对周边土壤的热影响领域不够精细，需要进一步缩小尺度来进行研究。

二、微梯度分析法

在本书中，作者将传统的梯度分析法进行降尺，并加以使用：即将原来千米级的尺度降为米级甚至厘米级尺度，用以分析城市内部斑块之间的相互作用，即城市人工构筑物（除适用于城市建筑物外，也适用于城市道路等）对毗邻土壤的热影响。

在本书中，作者利用改进降尺后的梯度法——微梯度分析法，在城市人工构筑物与其毗邻绿地土壤的交错带，进行构筑物-土壤微梯度样带法（Construction-Soil Micro-Gradient Transect，CSMGT）布点，如图 6-1 所示。该样带上的样点可以呈直线排列，也可呈“之”字形排列。具体的布点间隔和方式应根据研究的目的而定。

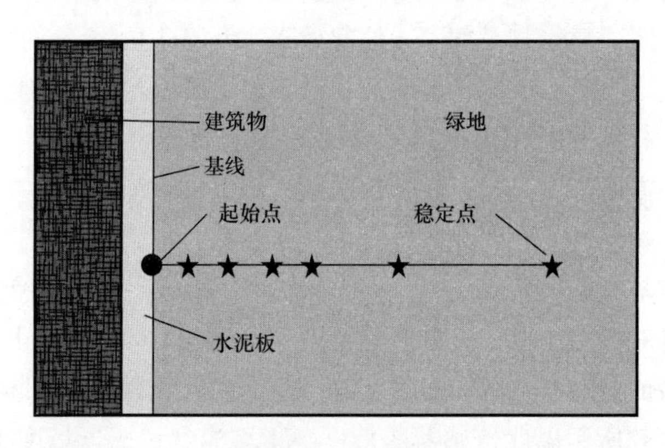

图 6-1　构筑物-土壤微梯度样带布点

图片来源：本书作者自绘。

构筑物-土壤微梯度样带法主要用于分析人工构筑物（建筑物、道路等）在水平方向上对周边土壤的热影响，其主要原理是：假设人工构筑物一直作为热源，不断地向周边的土壤传导热量，在毗邻人工构筑物的表层土壤温度则应当呈现梯度分布规律。依照这一假设，在距基线不同距离的采样点进行表层土壤温度的连续观测，可以通过实验数据结果来验证假设是否合理。

在本书的实践章节部分，不同观测点的表层土壤温度用 T_{Si}（i 为整数，且不小于 0）来表示，用单因子方差分析的方法，来比较不同采样点的表层土壤温度在同一时刻内的差异性，置信区间为 95%。从距离基线最近的观测点（起始点）开始进行比较，如果 T_{Si} 在统计学意义上大于 T_{Si+1}，两者的温差大于 0.2K（土壤温度传感器的精度），且 T_{Si+1} 并不在统计学意义上大于 T_{Si+2}；或者，T_{Si+1} 在统计学意义上大于 T_{Si+2}，但是二者之间的温度差小于 0.2K（土壤温度传感器的精度），则表示建筑物对周边表层土壤温度的热影响范围只延续到 T_{Si} 点，那么我们就可以说，T_{Si} 距离建筑物基线的距离，就是建筑物对其毗邻表层土壤的热影响范围。

第三节　结果分析

一、典型人工构筑物对毗邻表层土壤温度在水平方向上的影响范围

根据 TANG 的研究报道，土壤温度一般日变化深度范围在 0～0.4m，而根据邵明安对土壤加热实验的研究结果表明，土壤温度在前 0.3m 内变化最为明显，0.3m 之后无明显变化。上述学者的研究结果表明，热源对土壤的影响范围在 0.4m 以内。目前，对于城市土壤在垂直方向上热传导过程的研究不胜枚举，却尚未见到有文献报道在水平方向上，土壤热传递的昼夜过程变化及其范围。因此，在本章节中，作者将对人工构筑物在水平方向上对其毗邻土壤的热影响过程作部分研究与解析。

采用构筑物-土壤微梯度样带布点方法，作者对城区所选样地内的典型人工构筑物——建筑物的毗邻土壤进行连续观测，布点方式如图 6-2 所示。其中观测楼高 31m，长 66m，宽 18m，周边土壤的质地为壤土，由高度 0.1m 的草坪均匀覆盖。

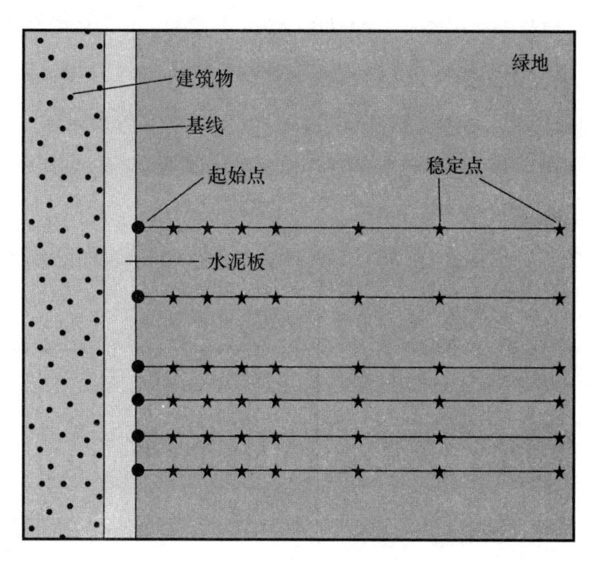

图 6-2　布点方式：人工构筑物对毗邻表层土壤温度的水平影响范围

图片来源：本书作者自绘。

作者对观测数据经过统计分析，其结果显示，建筑物对周边土壤表层热过程的水平影响范围最大只能达到 0.3m（此时 0.3m 以后各点均为稳定点），最小为 0m（图 6-3）。

如图 6-3 所示，表层土壤温度在前 0.4m 呈下降趋势，而 0.4m 之后各点温度呈波动趋势。经过单因子方差（Duncan）分析，土壤温度在前 0.3m 的各点具有统计学上的差异

（$P<0.05$），而在 0.3m 之后的各点无统计学上的差异（$P>0.05$）。因此，可以确定的是，人工构筑物对于土壤的影响范围在 0.3m 以内，与已知文献报道结果一致。

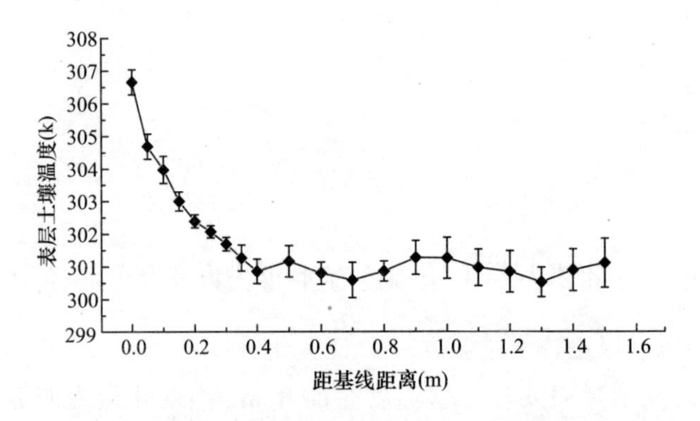

图 6-3　城市建筑物对毗邻土壤温度的影响范围

图片来源：本书作者自绘。

二、不同形态人工构筑物对毗邻表层土壤温度的水平影响范围差异

城市中的建筑物占据一定面积，具有长度、宽度、高度、面积和体积等一维、二维和三维的空间几何形态特征。城市人工构筑物的空间几何形态各异，它们具有不同的体量（高大建筑物、低矮建筑物、平面的停车场和道路等）、结构和位置，这些不同体量、结构和位置的人工构筑物其热性质（储热、热传导等）不尽相同。本章的研究选取秋季和冬季这两个典型的季节，采用构筑物-土壤微梯度观测样带法，在实验样地布置代表性的单一构筑物-土壤微梯度观测样带，以起始点为起点，向外非等距布点，进行昼夜尺度上不同形态人工构筑物对毗邻表层土壤温度水平影响的动态观测。

在章节中，作者选取四种人工构筑物形态类型，分别是高层建筑物、低矮建筑、停车场和小型地块。各种类型构筑物的材质、长、宽、高及其占地面积详见表 6-1。

城市中不同形态建筑物基本情况　　表 6-1

建筑物类型	建筑物材质	宽度（m）	长度（m）	高度（m）	占地面积（m^2）
高大建筑	混凝土	34	34	69	1167
低矮建筑	混凝土	66	18	31	1140
停车场	沥青	31	254	—	7500
小型地块	混凝土砖	5	26	—	133

表格来源：本书作者自绘。

本章实验所选人工构筑物周边的绿地中均无大型建筑物遮挡阳光，土壤质地均为壤土，地表均被高度在 0.1m 的草坪覆盖。秋季与冬季的实验结果如图 6-4 所示。

如图 6-4 所示，在秋季，作者选取三种不同形态的人工构筑物进行连续的实验观测，实验结果发现：三种不同形态的人工构筑物对其毗邻表层土壤温度的水平影响趋势呈现一致性，即靠近起始点的表层土壤温度相对较高，随着离起始点距离的增加，表层土壤温度逐渐降低，距离起始点最远的观测点其表层土壤温度达到最低值。

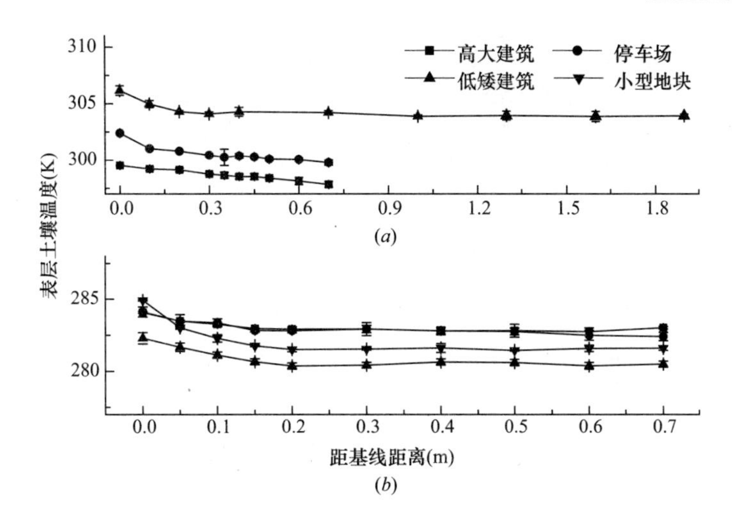

图 6-4　秋季和冬季不同形态构筑物对毗邻土壤温度的水平影响

(*a*) 秋季；(*b*) 冬季

图片来源：本书作者自绘。

统计学分析表明，构筑物—土壤微梯度样带上，人工构筑物对其毗邻的表层土壤的水平影响在前 0.2m 是显著的（$P<0.05$），以后各观测点的温度差异不显著（$P>0.05$）。三种不同形态的人工构筑物在秋季对毗邻表层土壤温度的水平影响范围是相同的，不存在统计学意义上的差异性。需要指出的是，由于实验观测日期的不同，各个形态的人工构筑物之间在作比较时的表层土壤温度是有所不同的。

在冬季，作者选取四种不同形态类型的人工构筑物进行连续的实验观测，其实验结果与秋季类似。这四种不同形态类型的人工构筑物对其毗邻表层土壤温度的水平影响趋势同样也是一致的。统计学的分析表明，观测样带上前 0.1m 人工构筑物对土壤温度的影响是显著的（$P<0.05$），0.1m 以后的各观测点影响差异不显著（$P>0.05$）。四种不同形态类型的人工构筑物在冬季对表层土壤温度的水平影响范围也是相同的。

因此，在秋季和冬季，停车场和开阔地块这两类平面形态的人工构筑物、低矮建筑物和高大建筑物这类具有三维立体空间形态的人工构筑物，在同一昼夜时段内，对其毗邻表层土壤温度的水平影响范围相同。简而言之，不同形态的人工构筑物对邻近表层土壤温度的影响具有均一性，其影响范围不依建筑物的形态不同而发生变化。

三、人工构筑物对临近表层土壤温度在水平方向上影响的均一性

作者在人工构筑物的单一侧面，沿基线方向 20m 的范围之内，选取两条平行的布点样线，分别位于基线以及距离基线 0.1m 处的平行线上。在每一条布点样线上随机选取 8 个观测点进行表层土壤温度的观测，观测点两两对应，土壤温度分别记为 T_0 和 T_{10}；两条布点样线之间的温度差异记为 $\Delta T_{0\sim10}$，在每个观测样带上的每个观测点做 3 次重复观测实验。

城市建筑物边缘对其毗邻的表层土壤温度影响均一性实验的布点方式如图 6-5 所示。

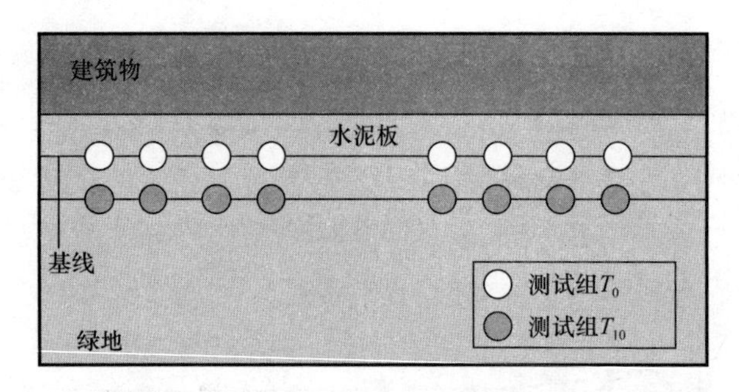

图 6-5　布点方式：建筑物边缘对表层土壤温度影响均匀性的验证

图片来源：本书作者自绘。

人工构筑物侧面边缘对其毗邻绿地的表层土壤温度的测定与统计结果如图 6-6 所示。

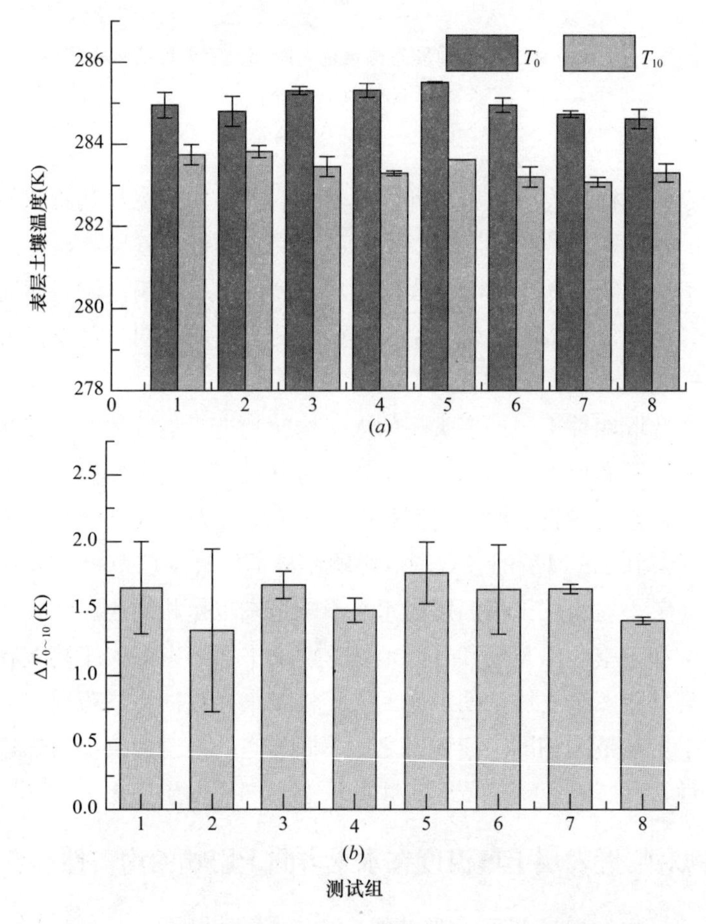

图 6-6　构筑物侧面对表层土壤温度水平影响的均一性

(a) T_0 之间差异性与 T_{10}之间差异性；(b) $\Delta T_{0\sim10}$之间差异性

图片来源：本书作者自绘。

经过统计学分析（单因素方差分析，Duncan，置信区间为 95%），建筑物观测样线上 20m 范围之内，起始点的观测数据不存在统计学意义上的显著性差异（$P>0.05$）；距离起始点 0.1m 处的观测数据也不存在统计学意义上的显著性差异（$P>0.05$）；起始点与

0.1m 处的表层土壤温度差异同样不存在统计学意义上的显著性差异（$P>0.05$）。

鉴于上述分析结果，我们可以得出以下结论：城市人工构筑物单侧面对其毗邻的表层土壤温度的影响，不依人工构筑物侧面空间位点的不同而发生改变，其影响效应具有均一性，沿基线的任何位置对表层土壤温度的影响特征都具有均一性。

四、近建筑物和远离建筑物表层土壤温度比较

根据建筑物对土壤温度的热影响范围在 0.3m 以内这一结论，作者将相同朝向建筑物外墙毗邻的表层土壤温度分为远近两组（分别距离建筑基线 0m 和 0.6m），对两组表层土壤温度的平均值（分别记作 T_C 和 T_F）作比较，二者之间温差记录为 ΔT。结果见表 6-2。

春季和夏季表层土壤温度比较（T_C 和 T_F）　表 6-2

外墙朝向	春季			夏季		
	T_C(K)	T_F(K)	ΔT(K)	T_C(K)	T_F(K)	ΔT(K)
南	295.51	294.18	1.33	302.53	300.24	2.29
北	288.49	287.75	0.74	297.27	296.13	1.14
东	279.59	277.98	1.61	300.95	299.19	1.76
西	279.44	278.26	1.17	297.4	296.01	1.39

表格来源：本书作者自绘。

对于建筑物四种不同朝向的外墙而言，靠近建筑物的表层土壤温度都要高于远离建筑物的表层土壤温度。这表明，建筑物作为热源向毗邻绿地表层土壤传导热量，在春季和夏季均对表层土壤起到加热的作用，热流方向为建筑物流向其毗邻的绿地表层土壤。

本章小结

本章着重研究了建筑物毗邻绿地表层土壤温度。上述四个不同的实验结果说明，人工构筑物对其毗邻的绿地表层土壤温度的影响在昼夜时间尺度上为 0.3m 以内，并且随着季节的变化而发生变化；不同几何形态的人工构筑物，包括具有立体几何特征的高大建筑物和低矮建筑物，以及具有平面几何特征的停车场和小型硬化铺装等，对于其毗邻绿地表层土壤温度在相同季节具有相同的影响效果。这意味着，在相同天气条件下，人工构筑物对其毗邻的绿地表层土壤温度影响范围相同，不依人工构筑物的几何形态变化而发生改变。同时，具有相同微气象条件的人工构筑物边缘对于其毗邻绿地表层土壤温度影响具有均一性，在人工构筑物单侧的任何一条样带即可代表整个人工构筑物单侧的特征。此外，在不同的季节，对建筑物总体而言可以看做是其毗邻绿地表层土壤的热源，并向其传导热量，热流方向为建筑物流向其毗邻的绿地表层土壤。

第七章　水平方向表层土壤温度分布

第一节　研究区域

北京地区位于115.7°E-117.4°E，39.4°N-41.6°N，属于典型的北温带半湿润大陆性季风气候，夏季高温多雨，冬季寒冷干燥，春、秋两季短促，全年无霜期达到180～200天。北京地区太阳辐射量全年平均为112～136kK/cm^2，高值区分别分布在延庆盆地及密云县西北部至怀柔东部一带，年辐射量在135kK/cm^{2}以上；低值区位于房山区的霞云岭附近，年辐射量为112kK/cm^2。北京地区不同季节日照时数分别为：春季月日照时数在240～260h；秋季月日照时数为230～245h；夏季正当雨季，日照时数减少，月日照时数在230h左右；冬季日照时数仅170～190h。北京地区降水季节分配不均匀，全年降水的80%集中在夏季6、7、8三个月份，通常7月和8月会有大雨。

本章研究选址于北京市海淀区中国科学院生态环境研究中心，其中园区地理位置和建筑物布局在图7-1中表明。所选样地园区内的土壤质地为壤土，无大型乔木，实验布点地

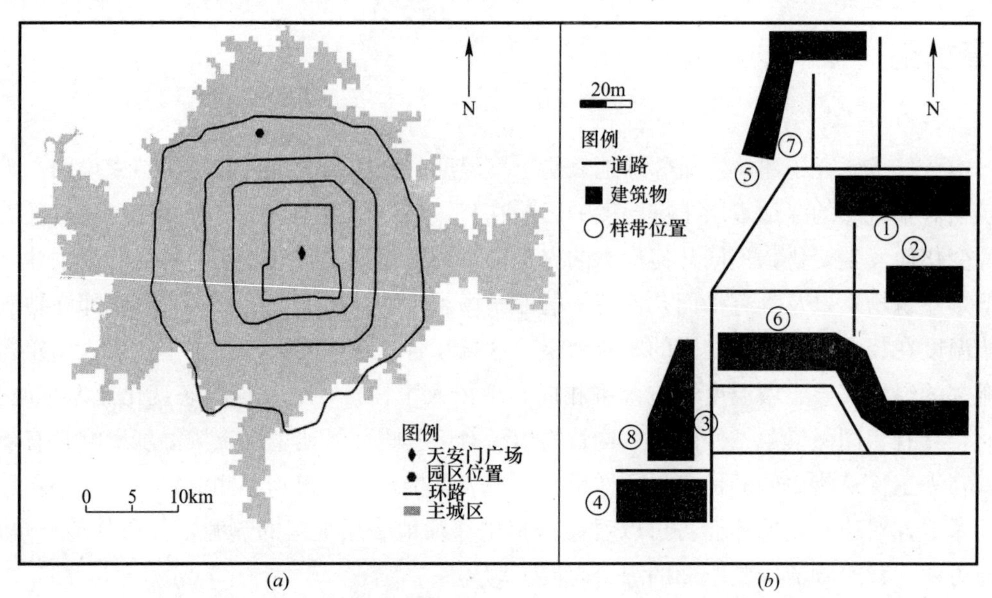

图7-1　研究区域

(a) 选点具体位置；(b) 建筑布局

图片来源：本书作者自绘。

址远离小型乔木和灌木，因此，小型乔木和灌木对监测样点的日照时间不产生影响。选址的建筑物形态、毗邻绿地的尺寸、植被覆盖类型、日照时间和天气条件详见表 7-1。

不同季节建筑物四个侧面不同梯度观测样带的绿地以及天气条件　　表 7-1

季节	侧墙	样带编号	建筑物尺寸			绿地状况			日照时间	气象条件		
			长（m）	宽（m）	高（m）	覆被	长（m）	宽（m）		天气	气温（K）	相对湿度（%）
秋	南	1	66	18	21	G	61	21	8：30～16：00	晴	283～298	18～90
										阴	285～295	44～93
	北	2	48	12	18	G	61	21	16：00～17：30	晴	277～293	15～82
										阴	278～291	25～86
	东	3	56	10～28	28	G	56	2	9：30～11：30	晴	282～296	25～86
										阴	287～289	58～81
	西	4	54	16	40	G	16	4	11：30～16：30	晴	282～298	14～84
										阴	284～297	38～87
冬	南	5	18	62	32	G & DL	25	63	9：15～17：00	晴	269～284	8～73
										阴	271～282	11～78
	北	2	48	12	18	G & DL	61	21	无	晴	268～279	17～60
										阴	268～278	16～50
	东	3	56	10～28	28	DL	56	2	9：30～11：45	晴	269～280	11～28
										阴	—	—
	西	8	54	16	40	DL & BS	16	4	13：30～16：30	晴	269～282	11～77
										阴	273～284	14～38
春	南	1	66	18	21	G & DL	61	21	6：00～8：00 和 9：30～18：15	晴	282～299	13～79
										阴	282～295	11～81
	北	6	70	14	18	G & DL	70	14	16：45～18：15	晴	282～299	13～74
										阴	282～297	27～74
	东	3	56	10～28	28	DL	56	2	9：30～12：00	晴	271～285	8～74
										阴	274～277	34～72
	西	8	54	16	40	DL & BS	16	4	11：30～16：30	晴	271～285	8～74
										阴	274～277	34～72
夏	南	1	66	18	21	G	61	21	8：00～18：00	晴	291～308	14～89
										阴	290～307	35～88
	北	2	48	12	18	G	61	21	16：00～19：15	晴	290～305	24～89
										阴	291～300	52～89
	东	7	18	62	32	G	25	63	5：30～13：30	晴	294～308	11～73
										阴	296～305	41～74
	西	4	54	16	40	G	16	4	11：30～16：30	晴	290～308	18～89
										阴	290～303	30～89

注：G 表示草地，L 表示枯落物，BS 表示裸土。
表格来源：本书作者自绘。

第二节　原位观测方法

在本章中，作者采用原位观测的方法，对建筑物四个侧面毗邻的表层土壤温度以及气象参数进行连续观测。原位观测方法是生态学研究中较为常用的一种方法，广泛地应用于生态学的各个研究之中，并取得了大量可靠的研究结果。根据前文研究和统计结果可知，不同形态和材质的人工构筑物对其毗邻绿地表层土壤温度的影响范围在相同季节的相同天气条件下具有一致性，且建筑物同一侧在相同季节相同天气条件的同一时刻对其毗邻的绿地表层土壤温度的影响均等，因此，任意一栋建筑物某一侧面的研究结果可以代表相似环境下所有同类建筑物该侧面的实际情况。

第三节　结果分析

一、不同季节不同气象条件下建筑物四个侧面昼夜尺度上对毗邻表层土壤温度水平影响分析

利用构筑物-土壤微梯度观测样带法和原位观测法相结合，作者在构筑物-土壤微梯度观测样带上，将所获得的起始点（距离建筑物基线0m的观测点）和稳定点（距离起始点0.5m，并确定始终为稳定点，该点与之后各观测点之间的表层土壤温度不存在统计学意义上的显著性差异）的温度数据，进行昼夜尺度上的分析和比较。其中，起始点和稳定点的温度分别记作 T_0 和 T_{50}；起始点和稳定点在每个昼夜周期内的不同时刻变化差异记为 $\Delta T_{0\sim50}$。

图7-2展示了四个不同季节（秋季、冬季、春季和夏季）中，典型天气条件（晴天和阴天）下，城市建筑物的四个侧面起始点和稳定点的温度差异。其中，图7-2中编号起始时点为6时，终止时点为次日5时。之所以选择从6时到次日5时作为一个昼夜周期，而不是选择从0～24时作为一个昼夜周期，是因为起始时点选择从6时开始，刚好是日出前后，此时的太阳辐射值非常低。图7-2的内容表明了建筑物四个侧面，在不同季节不同天气条件下，起始点和稳定点的表层土壤温度，以及二者温差 $\Delta T_{0\sim50}$ 的昼夜变化过程。

表7-2是对图7-2的更进一步说明，表7-2列出了在四个季节的不同天气条件下，建筑物四个侧面的构筑物-土壤微梯度观测样带上 T_0、T_{50} 和 $\Delta T_{0\sim50}$ 的单日最高值和最低值，及其各自出现的时间，同时，还记录了起始点，即建筑物作为热源的时间。由于在观测期间内，没有出现 T_0 和 T_{50} 相等的情况，故此二者之间始终存在着热量的流动。在起始点作为热源的期间，能量流动方向为从起始点到稳定点，其余时间能量流动方向则为从稳定点到起始点。

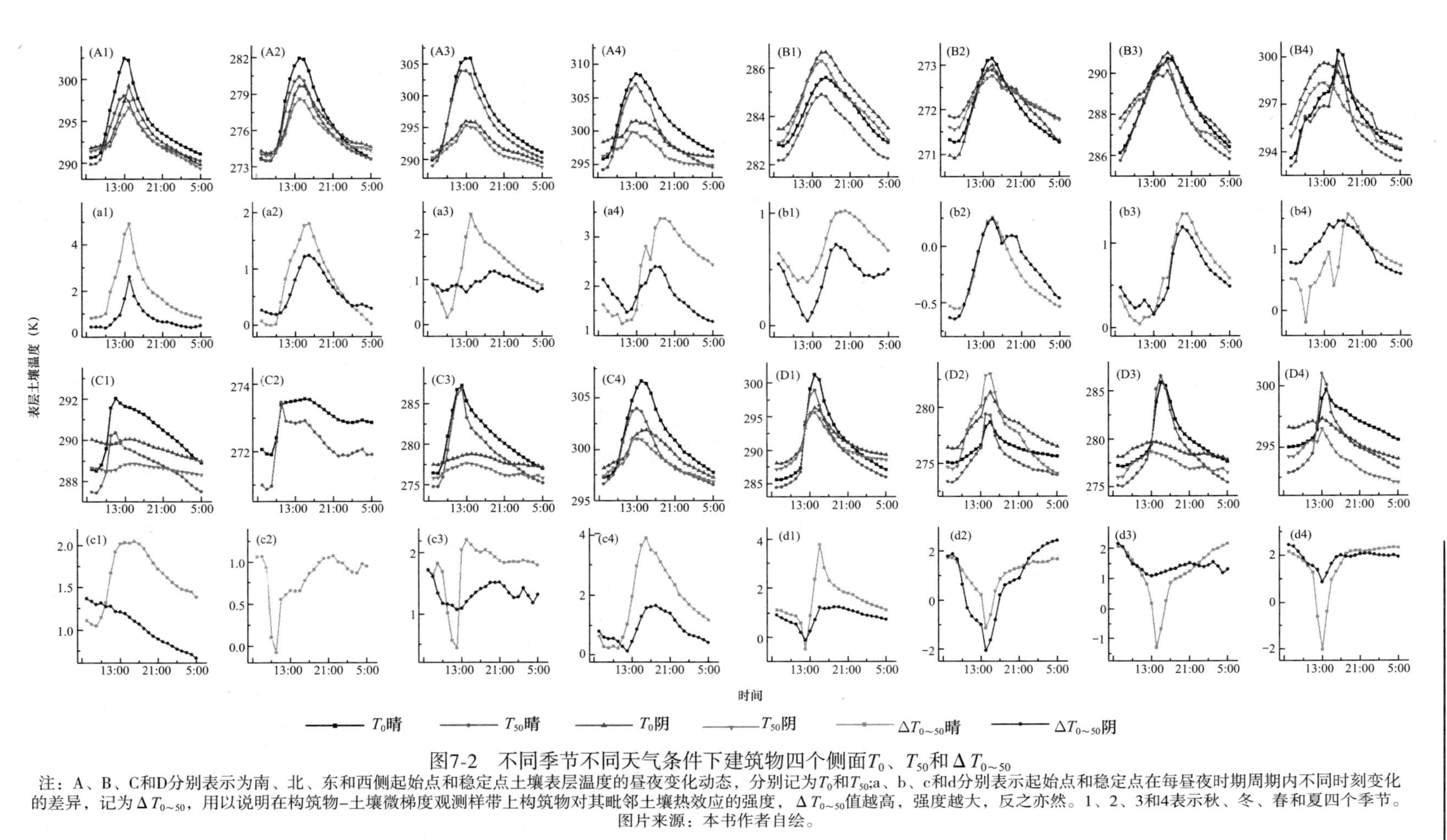

图7-2　不同季节不同天气条件下建筑物四个侧面T_0、T_{50}和$\Delta T_{0\sim50}$

注：A、B、C和D分别表示为南、北、东和西侧起始点和稳定点土壤表层温度的昼夜变化动态，分别记为T_0和T_{50};a、b、c和d分别表示起始点和稳定点在每昼夜时期周期内不同时刻变化的差异，记为$\Delta T_{0\sim50}$，用以说明在构筑物-土壤微梯度观测样带上构筑物对其毗邻土壤热效应的强度，$\Delta T_{0\sim50}$值越高，强度越大，反之亦然。1、2、3和4表示秋、冬、春和夏四个季节。

图片来源：本书作者自绘。

T_0、T_{50}和$\Delta T_{0\sim50}$变化规律 表 7-2

位置	季节	天气	T_0					T_{50}				$\Delta T_{0\sim50}$			
			T_{max} (K)	$t_{T_{max}}$	T_{min} (K)	$t_{T_{min}}$	热源时间	T_{max} (K)	$t_{T_{max}}$	T_{min} (K)	$t_{T_{min}}$	ΔT_{max} (K)	$t_{\Delta T_{max}}$	ΔT_{min} (K)	$t_{\Delta T_{min}}$
南	秋	晴	34.98	14：00	15.35	7：00	6：00~5：00	28.88	13：00	14.49	7：00	6.49	14：00	0.74	6：00
		阴	28.54	14：00	15.85	5：00	6：00~5：00	26.20	14：00	15.29	5：00	2.33	14：00	0.05	10：00
	冬	晴	10.47	15：00	0.01	7：00	10：00~5：00	8.86	15：00	0.34	7：00	1.89	16：00	-0.33	7：00
		阴	6.88	14：00	-0.02	5：00	11：00~1：00	5.97	14：00	0.23	5：00	0.10	15：00	-0.25	5：00
	春	晴	33.06	12：00	15.41	6：00	6：00~5：00	32.12	12：00	14.98	6：00	1.49	14：00	0.06	9：00
		阴	25.04	10：00	17.80	5：00	6：00~5：00	24.56	11：00	17.66	5：00	0.96	15：00	0.13	4：00
	夏	晴	41.90	14：00	22.21	6：00	6：00~5：00	36.63	13：00	20.96	6：00	6.61	15：00	1.08	8：00
		阴	28.80	13：00	20.94	4：00	6：00~5：00	27.12	13：00	20.33	4：00	2.38	18：00	0.55	5：00
北	秋	晴	12.85	16：00	9.20	6：00~7：00	6：00~11：00 和 14：00~5：00	12.42	15：00	8.71	6：00	0.88	19：00	-0.27	12：00
		阴	13.87	15：00	10.66	6：00	6：00~5：00	13.75	15：00	10.21	6：00	0.54	5：00	0.02	12：00
	冬	晴	0.43	15：00	-1.95	7：00	12：00~20：00	0.03	15：00	-1.36	7：00	0.39	15：00	-0.59	7：00
		阴	-0.11	15：00	-1.79	5：00	14：00~16：00	-0.22	15：00	-1.24	5：00	0.11	15：00	-0.55	5：00
	春	晴	20.51	16：00	15.37	6：00	6：00~5：00	19.80	15：00	14.80	6：00	1.61	19：00	0.04	13：00
		阴	21.89	15：00	12.76	5：00	6：00~8：00 和 14：00~5：00	21.41	15：00	12.13	5：00	1.39	17：00	-0.44	11：00
	夏	晴	28.48	17：00	19.96	6：00	6：00~5：00	27.78	16：00	19.29	6：00	1.64	20：00	0.11	9：00
		阴	25.27	15：00	19.28	4：00	6：00~5：00	24.73	15：00	19.04	4：00	1.01	18：00	0.19	12：00
东	秋	晴	19.08	11：00	14.84	7：00	6：00~5：00	17.16	11：00	13.47	7：00	2.14	13：00	1.23	5：00
		阴	17.05	14：00	15.98	5：00	6：00~5：00	15.86	14：00	15.32	5：00	1.37	6：00	0.66	5：00
	冬	晴	0.16	11：00	-1.20	8：00	6：00~9：00 和 11：00~5：00	0.20	10：00	-2.24	7：00	1.14	6：00	-0.07	10：00
		阴	—	—	—	—	—	—	—	—	—	—	—	—	—
	春	晴	14.77	12：00	2.66	7：00	6：00~5：00	14.67	12：00	0.80	6：00	2.38	14：00	0.10	12：00
		阴	5.83	14：00	4.18	5：00	6：00~5：00	4.70	13：00	2.85	6：00	1.71	6：00	1.07	12：00
	夏	晴	35.00	15：00	23.50	7：00	6：00 和 8：00~5：00	29.41	14：00	22.54	5：00	5.93	15：00	-0.003	7：00
		阴	26.66	13：00	24.10	6：00	6：00~5：00	25.85	13：00	24.00	6：00	1.08	16：00	0.10	6：00
西	秋	晴	28.37	14：00	12.02	6：00	6：00~5：00	23.30	14：00	11.48	6：00	5.77	13：00	0.54	6：00
		阴	25.30	14：00	14.49	7：00	6：00~5：00	22.92	14：00	13.89	6：00	2.71	13：00	0.54	7：00
	冬	晴	6.46	15：00	1.59	7：00	6：00~13：00 和 16：00~5：00	7.47	15：00	-1.09	7：00	2.72	6：00	-1.53	14：00
		阴	2.85	15：00	-0.65	8：00	6：00~13：00 和 15：00~5：00	3.26	14：00	-2.36	8：00	1.76	7：00	-1.02	14：00

续表

位置	季节	天气	T_0					T_{50}				$\Delta T_{0\sim50}$			
			T_{max}（K）	$t_{T_{max}}$	T_{min}（K）	$t_{T_{min}}$	热源时间	T_{max}（K）	$t_{T_{max}}$	T_{min}（K）	$t_{T_{min}}$	ΔT_{max}（K）	$t_{\Delta T_{max}}$	ΔT_{min}（K）	$t_{\Delta T_{min}}$
西	春	晴	12.13	15：00	3.38	7：00	6：00～13：00 和 15：00～5：00	12.80	15：00	0.88	7：00	2.55	6：00	−1.30	14：00
		阴	6.79	13：00	4.82	5：00	6：00～5：00	5.70	13：00	3.00	6：00	2.16	6：00	1.09	13：00
	夏	晴	25.34	14：00	19.12	9：00	6：00～10：00 和 14：00～5：00	25.41	13：00	16.54	9：00	2.76	18：00	−1.54	13：00
		阴	25.34	10：00	19.68	5：00	6：00～5：00	23.90	10：00	17.58	5：00	2.53	6：00	1.44	10：00

注：T_{max}为最高温度；$t_{T_{max}}$为最高温度出现时间；T_{min}为最低温度；$t_{T_{min}}$为最低温度出现时间；ΔT_{max}为起始点与稳定点的最高温差；$t_{\Delta T_{max}}$为最高温差出现时间；ΔT_{min}为最低温差；$t_{\Delta T_{min}}$为最低温差出现时间。
表格来源：本书作者自绘。

总体来看，建筑物同一侧面在不同季节不同天气条件下，起始点和稳定点表层土壤温度变化趋势始终相似，而二者之间的温度差 $\Delta T_{0\sim50}$则并无显著变化规律。

二、不同天气条件及不同季节条件下建筑物四个侧面对表层土壤温度水平影响范围的昼夜过程

根据前文的理论假设以及单因子方差分析的统计分析结果，本书作者将观测样点所获取的数据进行分析并且汇总，得出建筑物四个侧面在不同天气条件和不同季节条件下对其毗邻的表层土壤温度影响的定量日变化过程，具体结果如图 7-3 所示。

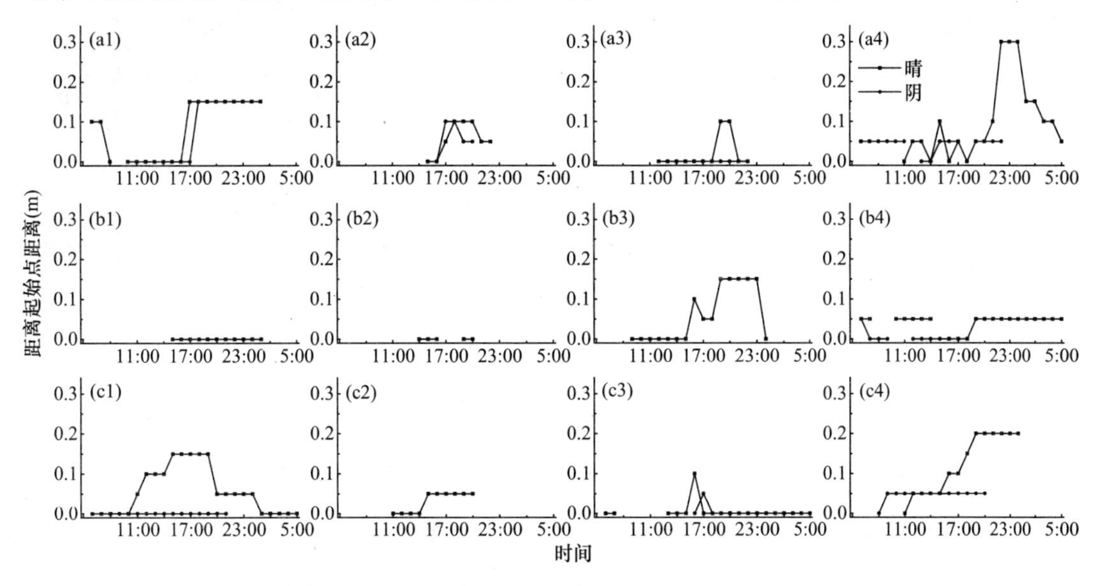

图 7-3 不同季节、天气条件下建筑物四个侧面对表层土壤温度影响范围昼夜变化过程（一）

注：a1. 南侧，秋季，样带 1；a2. 南侧，冬季，样带 5；a3. 南侧，春季，样带 1；a4. 南侧，夏季，样带 1；b1. 北侧，秋季，样带 2；b2. 北侧，冬季，样带 2；b3. 北侧，春季，样带 6；b4. 北侧，夏季，样带 2；c1. 东侧，秋季，样带 3；c2. 东侧，冬季，样带 3；c3. 东侧，春季，样带 3；c4. 东侧，夏季，样带 7

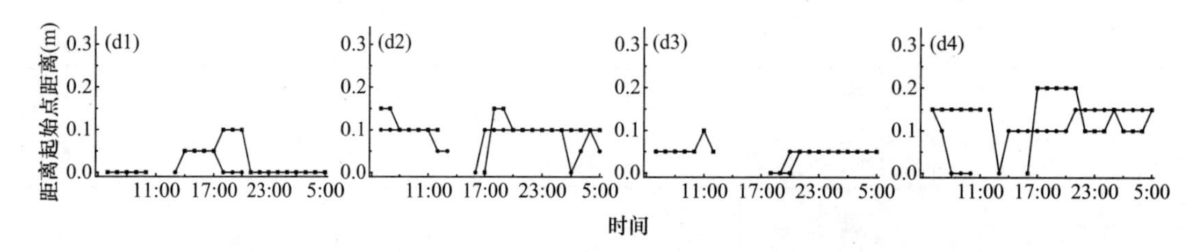

图 7-3 不同季节、天气条件下建筑物四个侧面对表层土壤温度影响范围昼夜变化过程（二）

注：d1. 西侧，秋季，样带 4；d2. 西侧，冬季，样带 8；d3. 西侧，春季，样带 8；d4. 西侧，夏季，样带 4

图片来源：本书作者自绘。

表 7-3 描述了城市建筑物的四个侧面（南侧、北侧、东侧和西侧）在不同季节（秋季、冬季、春季和夏季）、不同天气条件（晴天和阴天）下，对其毗邻的表层土壤温度的最大影响范围及日总影响的时间，其中建筑物东侧面在冬天季节的阴天天气情况下的数据，因数据采集器的非人为因素损坏而未能采集到数据，固无统计结果。

不同季节、不同天气条件下建筑物四个侧面对其毗邻表层土壤温度的最大影响范围及日总影响时间 表 7-3

位置	天气	秋季		冬季		春季		夏季	
		S_{hmax}(m)	Dur_{total}(h)	S_{hmax}(m)	Dur_{total}(h)	S_{hmax}(m)	Dur_{total}(h)	S_{hmax}(m)	Dur_{total}(h)
南侧	晴	0.15	19	0.10	8	0.10	11	0.30	21
	阴	0.15	9	0.10	6	0	10	0.05	5
北侧	晴	0	11	0	5	0.15	16	0.05	21
	阴	无	无	无	无	无	无	0.05	12
东侧	晴	0.20	23	0.05	10	0.10	19	0.20	14
	阴	0	16	—	—	0.05	15	0.05	13
西侧	晴	0.10	21	0.15	20	0.10	19	0.20	20
	阴	0.05	11	0.10	22	0.05	16	0.15	23

注：S_{hmax}为最大影响范围；Dur_{total}为每日总影响持续时间。
表格来源：本书作者自绘。

总体来讲，夏季城市建筑物的四个侧面对其毗邻的表层土壤温度的影响范围基本上都高于其他的三个季节（秋季、冬季和春季）；在每一个季节中，晴天条件下的建筑物不同侧面对其毗邻表层土壤温度的影响范围都要高于阴天；而建筑物南侧面在夏季晴天条件下对其毗邻表层土壤温度的影响范围最大，可达 0.3m，热源效应非常明显。

三、不同季节条件下建筑物四个侧面对表层土壤平均温度影响强度

作者对建筑物四个侧面毗邻的表层土壤温度，在四个季节中分别进行了原位观测，每次观测的天数约为 4～18 天，具体天数根据观测当时的天气状况而定，需要涵盖典型的晴天和阴天两种天气条件，代表该时期内的特征，具体观测时间详见表 7-4。

不同季节、不同天气条件下原位观测持续时间　　表 7-4

朝向	观测时期			
	秋	冬	春	夏
南	2013.9.29～2013.10.9	2014.1.15～2014.1.29	2014.4.10～2014.4.26	2014.6.19～2014.6.29
北	2013.10.14～2013.10.25	2013.12.20～2013.12.27	2014.4.19～2014.5.7	2014.6.19～2014.6.29
东	2013.10.9～2013.10.14	2013.12.27～2013.12.29	2014.3.1～2014.3.10	2014.8.15～2014.8.27
西	2013.9.24～2013.9.29	2013.12.27～2014.1.6	2014.3.1～2014.3.10	2014.6.1～2014.6.19

表格来源：本书作者自绘。

在四个不同的季节条件下，城市建筑物的四个侧面对其毗邻表层土壤平均温度的影响如图 7-4 所示。在图 7-4 中，横轴表示距起始点的距离，单位为 m；纵轴表示每一个采样点在观测期间的平均温度，单位为 K。a、b、c 和 d 分别表示南、北、东和西四个侧面，1、2、3 和 4 分别表示秋季、冬季、春季和夏季四个季节。

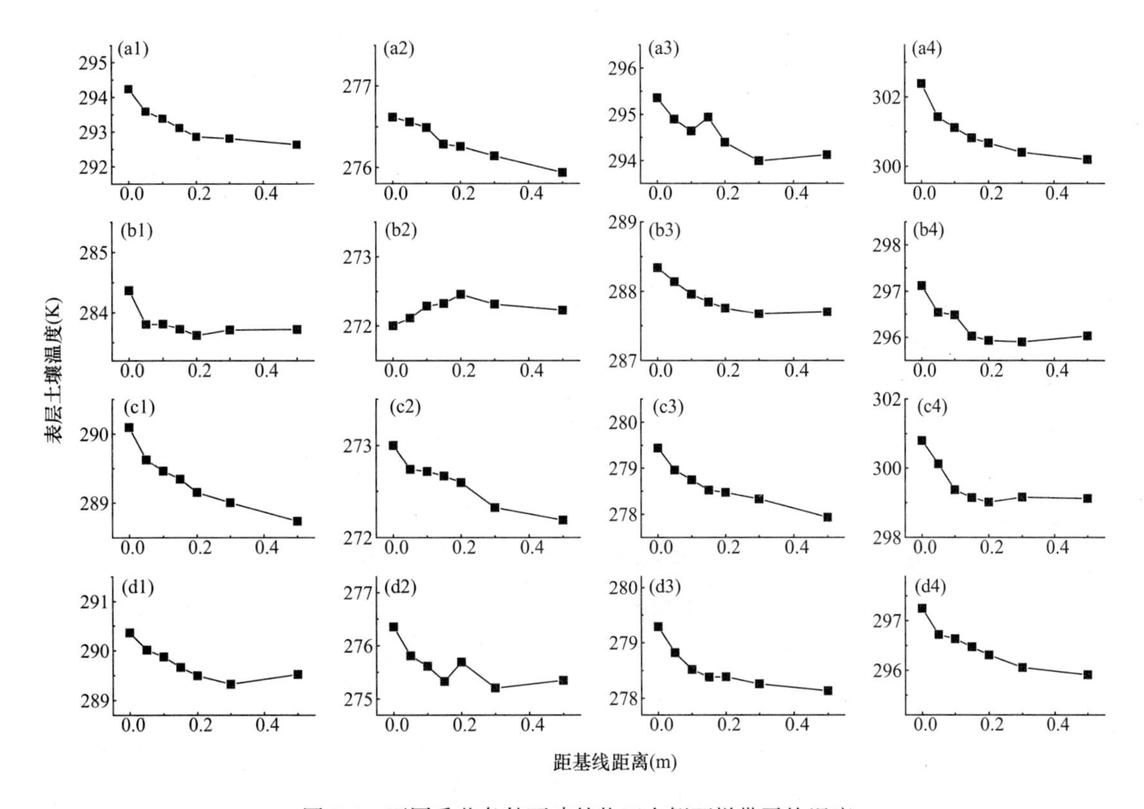

图 7-4　不同季节条件下建筑物四个侧面样带平均温度

注：a1. 南侧，秋季，样带 1；a2. 南侧，冬季，样带 5；a3. 南侧，春季，样带 1；a4. 南侧，夏季，样带 1；b1. 北侧，秋季，样带 2；b2. 北侧，冬季，样带 2；b3. 北侧，春季，样带 6；b4. 北侧，夏季，样带 2；c1. 东侧，秋季，样带 3；c2. 东侧，冬季，样带 3；c3. 东侧，春季，样带 3；c4. 东侧，夏季，样带 7；d1. 西侧，秋季，样带 4；d2. 西侧，冬季，样带 8；d3. 西侧，春季，样带 8；d4. 西侧，夏季，样带 4

图片来源：本书作者自绘。

表 7-5 表示四个不同的季节，城市建筑物各个侧面起始点与稳定点的平均温度差异以及热流的方向。

不同季节条件下建筑物四个侧面起始点与稳定点平均温度差（$\Delta MT_{0\sim50}$）及热流方向　表 7-5

朝向	秋		冬		春		夏	
	平均温差（K）	热流方向	平均温差（K）	热流方向	平均温差（K）	热流方向	平均温差（K）	热流方向
南	1.61	$T_0 \rightarrow T_{50}$	0.68	$T_0 \rightarrow T_{50}$	1.23	$T_0 \rightarrow T_{50}$	2.18	$T_0 \rightarrow T_{50}$
北	0.65	$T_0 \rightarrow T_{50}$	−0.23	$T_{50} \rightarrow T_0$	0.64	$T_0 \rightarrow T_{50}$	1.09	$T_0 \rightarrow T_{50}$
东	1.36	$T_0 \rightarrow T_{50}$	0.81	$T_0 \rightarrow T_{50}$	1.51	$T_0 \rightarrow T_{50}$	1.68	$T_0 \rightarrow T_{50}$
西	0.84	$T_0 \rightarrow T_{50}$	1.00	$T_0 \rightarrow T_{50}$	1.14	$T_0 \rightarrow T_{50}$	1.34	$T_0 \rightarrow T_{50}$

表格来源：本书作者自绘。

综上所述，城市建筑物的四个侧面在不同季节对其毗邻的绿地表层土壤平均温度的影响趋势是基本相同的，均呈现由起始点（0m 处）至稳定点的下降趋势，而且夏季的温度变化幅度明显高于其他的三个季节。仅在冬季时，建筑物北侧由起始点（0m 处）至稳定点的平均温度差异呈现先上升后下降的趋势。上述结果表明，在构筑物-土壤微梯度样带上，建筑物的南侧、东侧和西侧三个侧面在春季、夏季、秋季和冬季的四个季节中均作为各自毗邻绿地表层土壤的热源；建筑物北侧在秋季、春季和夏季作为其毗邻绿地表层土壤的热源，而在冬季，由于建筑物北侧温度低于其毗邻土壤温度，此时建筑物北侧则作为其毗邻绿地表层土壤的热汇。

四、建筑物对表层土壤温度影响的昼夜过程分析

城市建筑物影响其毗邻表层土壤温度的昼夜过程，在昼夜尺度上随着天气条件和季节条件的变化而发生着变化，同时也受到建筑物外墙朝向的影响。根据本书的研究结果，此时建筑物对其毗邻绿地表层土壤温度的影响可以分为三种模式，模式Ⅰ、模式Ⅱ和模式Ⅲ，其中，模式Ⅰ展现出完整的周期，而模式Ⅱ和模式Ⅲ则展现出不完整的周期，或者也可以认为，模式Ⅱ和模式Ⅲ是模式Ⅰ的变形。

（1）模式Ⅰ：基于在构筑物-土壤微梯度样带上，建筑物对表层土壤温度横向热影响的时空变化，在昼夜尺度上，一个完整的影响周期可以分为如图 7-5 所示的 Phase-0、Phase-1、Phase-2 以及 Phase-3 四个阶段。

Phase-0：在构筑物-土壤微梯度样带上，土壤温度在空间分布上没有展现出梯度的趋势，此时，表层土壤温度可能处于升高和降低的任意一种状态。这一时期通常出现在清晨黎明，如图 7-5（*a*）所示。

Phase-1：这一阶段通常在日出这一时间段内出现，表层土壤温度总体上呈现升高趋势，建筑物对其毗邻绿地表层土壤的横向热影响通常从 0m 直至一定长度（这一长度随天气条件、季节条件以及建筑物侧面朝向不同而改变），如图 7-5（*a*）所示。

Phase-2：这一阶段通常出现在傍晚（此时的太阳辐射微弱甚至已经消失），表层土壤温度逐渐降低。建筑物对其毗邻表层土壤横向热影响的范围逐步升高并达到最大值，且会持续一段时间（具体持续时间因天气或气象条件不同而发生变化），如图 7-5（*a*）所示。

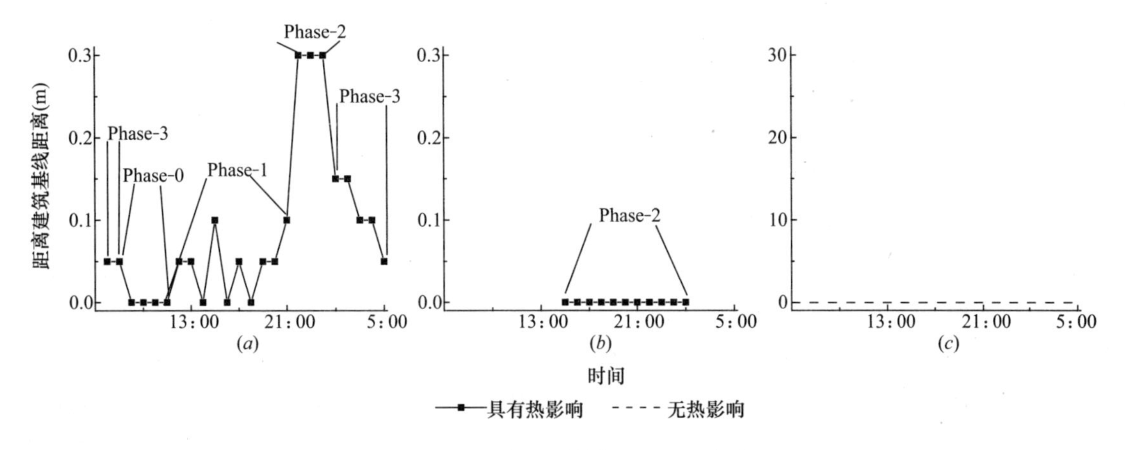

图 7-5　水平方向热影响的不同模式

（a）模式Ⅰ；（b）模式Ⅱ；（c）模式Ⅲ

图片来源：本书作者自绘。

Phase-3：城市建筑物对其毗邻绿地的表层土壤横向热影响的范围从最大值开始下降，然后逐渐消失，起始点和稳定点之间的温度差异越来越小，如图 7-5（a）所示。

这四个阶段组成了城市建筑物对其毗邻绿地表层土壤横向热影响的一个完整的循环过程，在夏季，城市建筑物的南朝向侧面可以清晰地观察到，如图 7-5（a）所示。

（2）模式Ⅱ：该模式比模式Ⅰ缺少 1 个阶段或者 2 个阶段，这种情况一般在夏季阴天条件下，建筑物的南侧、东侧和西侧出现；或者在晴天条件下，建筑物北侧出现；或者在冬季晴天条件下，东侧和西侧朝向的建筑外墙出现，如图 7-5（b）所示。

（3）模式Ⅲ：这种模式的出现通常是因为只有少量的太阳辐射可以直接照射到建筑物的表面，这意味着建筑物吸收的辐射能量少，并且温度升高较少，因此，对其周边绿地表层土壤的热影响相对较小。在这类情况下，建筑物对其毗邻绿地表层土壤的横向热影响几乎不存在。这种模式通常出现在四个季节阴天条件下的建筑物北侧，如图 7-5（c）所示。

五、不同天气和季节条件下表层土壤温度梯度的变化

表层土壤温度梯度（GT）是构筑物-土壤微梯度样带上，表层土壤温度空间变化的一个变量，用于指示在构筑物-土壤微梯度样带的空间上，随着距起始点距离的变化量，可以用公式（7-1）来表示：

$$GT = \Delta T_{0\sim50}/S_{\mathrm{h}} \tag{7-1}$$

式中　$\Delta T_{0\sim50}$——建筑物对毗邻绿地表层土壤横向热影响的强度；

S_{h}——建筑物对其毗邻绿地表层土壤的影响范围。

在本研究中，GT 通常用于表示上述公式（7-1）在微小时尺度上的计算结果。

此外，GT_{m} 定义为在某一特定观测点上，构筑物-土壤微梯度样带上表层土壤温度梯度（GT）在昼夜尺度上（连续 24h）的平均值，表示为以下公式（7-2）：

$$GT_{\mathrm{m}} = \frac{\sum_{i=1}^{n}\sum_{k=1}^{24} GT_{ki}}{24n} \tag{7-2}$$

式中　GT_m——平均表层土壤的温度梯度；

GT_{ki}——表层土壤温度梯度每小时的平均值；

k——在建筑物特定侧面的构筑物-土壤微梯度样带上一个昼夜尺度中第 k 个观测时；

n——在一定天气和季节条件下每一面外墙的观测天数。

如表 7-6 所示，对于模式Ⅰ而言，当表层土壤温度梯度值达到最大时，建筑物对其毗邻的绿地表层土壤的横向热影响范围刚好达到最小值（在本研究中，这一数值为 0.015～0.11m），并且通常会出现在 Phase-1 和 Phase-2 这两个阶段。表层土壤温度梯度最小值通常出现在 Phase-2 即将结束的时点，此时，建筑物对其毗邻的绿地表层土壤横向热影响的范围开始缩小甚至最终消失。对于同一季节中的同一侧外墙而言，晴天条件下的表层土壤温度梯度平均值，通常大于阴天条件的平均值。但也会有例外的情况出现，例如在冬季，建筑物西侧毗邻表层土壤温度梯度最大值并不在建筑物对其毗邻表层土壤横向热影响达到最小值时出现。建筑物西侧毗邻表层土壤温度梯度平均值同样也是在冬季表现为阴天的值大于晴天。

不同季节下建筑物四个侧面毗邻的表层土壤温度梯度值　　表 7-6

模式	季节	朝向	晴天的 GT(K/m)				阴天的 GT(K/m)			
			Max	Min	GT_m	GT^*	Max	Min	GT_m	GT^*
模式Ⅰ	秋	南	—	—	—	—	—	—	—	—
		北	—	—	—	—	—	—	—	—
		东	38.37	15.21	24.84	15.3	—	—	—	—
		西	75.26	15.04	31.51	19.52	24.55	13.2	21.3	24.55
	冬	南	—	—	—	—	18.36	12.43	16.34	12.43
		北	14.45	12.16	13.57	14.1	—	—	—	—
		东	21.07	20.47	20.68	20.47	—	—	—	—
		西	25.6	10.2	15.14	13.3	—	—	—	—
	春	南	62.57	15.17	31.8	37.41	17.25	15.21	16.35	16.28
		北	17.78	7.19	11.93	11.27	30.28	8.22	15.25	10.71
		东	33.69	17.26	27.87	30.08	—	—	—	—
		西	45.11	13.29	30.29	23.51	—	—	—	—
	夏	南	62.31	13.71	28.19	16.28	36.88	7.53	21.6	7.65
		北	28.12	12.85	18.81	28.12	—	—	—	—
		东	—	—	—	—	—	—	—	—
		西	24.19	7.35	19.48	18.28	23.68	8.25	16.28	8.25
模式Ⅱ	秋	南	110.32	6.55	18.78	15.7	6.88	6.03	6.45	6.88
		北	22.84	11.84	17.57	17.94	—	—	—	—
		东	—	—	—	—	—	—	—	—
		西	—	—	—	—	—	—	—	—
	冬	南	0.2944	0.1302	0.1865	0.1302	—	—	—	—
		北	—	—	—	—	—	—	—	—
		东	21.16	18.79	20.16	18.79	—	—	—	—
		西	35.98	6.27	17.1	13.58	48.62	35.5	42.06	48.62

续表

模式	季节	朝向	晴天的 GT(K/m)				阴天的 GT(K/m)			
			Max	Min	GT_m	GT^*	Max	Min	GT_m	GT^*
模式Ⅱ	春	南	40.78	16.65	23.45	16.65	30.86	14.54	19.36	15.86
		北	34.46	16.78	29.13	16.78	—	—	—	—
		东	—	—	—	—	—	—	—	—
		西	42.34	19.47	33.96	31.49	43.21	12.98	26.65	14.82
	夏	南	62.91	31.69	46.54	61.14	50.16	25.15	38.05	38.84
		北	37.91	14.05	21.65	24.68	28.46	17.15	23.44	28.46
		东	38.21	10.05	20.84	14.85	22.95	0.97	15.18	0.97
		西	23.25	9.61	19.88	21.35	22.71	13.6	17.09	13.6

注：Max是表层土壤温度梯度的最大值；Min是表层土壤温度梯度的最小值；GT_m是表层土壤温度梯度值在昼夜尺度上的平均值；“*”是横向热影响范围刚刚达到最大值时表层土壤温度梯度值。当出现模式Ⅲ这种没有横向影响范围的情况时，或者当模式Ⅰ、模式Ⅱ处于Phase-0时或影响范围刚好为0时，GT的值记录为“—”。
表格来源：本书作者自绘。

第四节　讨论

一、构筑物-土壤微梯度样带上表层土壤温度梯度的形成

众多的生态因子（指对生物有影响的各种环境因子）都可以对表层土壤温度造成一定的影响，例如，太阳辐射、大气能量过程、土壤质地、土壤含水量、微地形因素、人为热以及城市人工构筑物的遮荫等。这些因素主导表层土壤温度梯度在昼夜尺度和季节尺度上呈现动态变化的特征。在构筑物-土壤微梯度样带上，表层土壤温度梯度模式主要是由建筑物对其毗邻的表层土壤温度横向热影响的强度和影响范围（$\Delta T_{0\sim50}$和S_h），以及大气能量过程和表层土壤温度梯度（GT）所组成的。

建筑物与表层土壤之间的热传导以及大气与表层土壤之间的热交换是改变绿地内部表层土壤温度的两大关键驱动力。热交换过程主要由太阳辐射、大气能量过程以及建筑物造成的遮荫所导致。城市建筑物遮荫可以避免建筑物周边的表层土壤受到太阳辐射从而保持较低的温度；在非城市建筑物遮荫区域太阳辐射、人为热逸散以及大气能量过程可以使得表层土壤温度升高。因此，基于正负反馈，在构筑物-土壤微梯度样带上，表层土壤温度梯度模式的形成主要是由这两个过程所控制的。

从能量平衡的角度来讲，大气、土壤以及城市人工构筑物之间的能量相互作用，来主导构筑物-土壤微梯度样带上表层土壤温度梯度的模式，并且，上述能量对这些模式的动态过程起到直接和间接的影响作用。当大气能量通量直接进入到表层土壤的时候，会使得建筑物对其毗邻的表层土壤热影响过程模式被弱化，而建筑物本身的热量逸散可以加剧这种模式的方式。太阳辐射直接影响到建筑物的热储量，使得建筑物的温度升高，因此，便加大了建筑物-土壤的横向热通量。

二、建筑物不同外墙的典型微气象因子对表层土壤温度的影响机制

建筑物不同朝向的外墙导致其毗邻绿地表层土壤温度梯度产生不同的动态模式。深究其原因，主要考虑的是建筑物的立体几何结构造成了局部微气象条件不同所致。而这些微气象条件又受到天气、季节以及人为热的影响。一些特性可以描述如下。

（1）人工构筑物的几何结构以及朝向：建筑物的几何结构和不同外墙的朝向营造出多样化的微气象环境（例如，建筑物不同的几何结构导致建筑物遮荫效果不同等）以及影响到在不同天气条件和季节条件下，表层土壤温度的变化。例如，不同太阳辐射模式以及遮荫条件与不同朝向的建筑物外墙紧密相关，并导致不同建筑物侧面接收到的太阳辐射不同，以及表层土壤温度梯度模式的不同。详见图 7-2 的 A4、B4、a4 和 b4。

（2）微气象因子昼夜和季节模式：当构筑物-土壤微梯度样带上，各个观测点所处的昼夜尺度以及季节尺度变化相对稳定时，建筑物毗邻绿地的表层土壤温度则呈现出规律性的变化趋势。由此可见，微气象条件（季节和天气等）的变化是决定建筑物毗邻绿地表层土壤温度梯度模式的最主要驱动因子，详见图 7-2 的 A4 和 b4。

（3）大气、土壤和建筑物之间的能量交换模式：在众多的微气象因子之中，能量交换（包括热交换）对表层土壤温度的变化都有着独特的贡献。例如，太阳辐射和平均气温都是在夏季达到最高值，并在冬季达到最低值。而在构筑物-土壤微梯度样带上，起始点和稳定点的表层土壤温度差异则是由土壤、大气和建筑物之间不同的能量通量的相互作用所导致的，包括长波辐射（大气发射的能量主要集中在 4～120μm 波长范围内的辐射，即地面和大气的辐射）和短波辐射（波长短于 3μm 的电磁辐射，即太阳向地球放射的辐射）。这种交互作用主导大气-土壤以及建筑物-土壤之间的热通量变化，同样也主导土壤-大气以及土壤-建筑物之间的热通量变化；尤其是在夜间，热通量的主导作用更加明显。这些交互作用可以很好地解释不同的 T_0、T_{50} 和 $\Delta T_{0\sim50}$，详见图 7-2 中的 A1～A4 以及图 7-2 中的 a1～a4。

三、建筑物对毗邻绿地表层土壤横向热影响周期的能量机制

建筑物毗邻绿地表层土壤的温度梯度随时间而不断发生着变化，并表现出能量通量变化的完整过程。在建筑物对其毗邻绿地表层土壤横向热影响的周期内，T_0 在不同时段，由不同的能量因子所驱动。图 7-6 展示了构筑物-土壤微梯度样带上观测点的太阳辐射、长波辐射（太阳辐射与净辐射之间的差值）、建筑物-土壤横向热通量的昼夜变化，这几类能量因子均能够影响到建筑物毗邻绿地表层土壤温度梯度的昼夜变化。

（1）Phase-0：在这一阶段，表层土壤温度的变化，是由大气与表层土壤之间的太阳辐射以及长波辐射所驱动。在此阶段，构筑物-土壤微梯度样带上的表层土壤温度并未表现出规律性的变化。建筑物-土壤横向热通量在此阶段并不是表层土壤温度变化的主导因子，同时，在此阶段也没有形成稳定的表层土壤温度梯度。

（2）Phase-1：太阳辐射、长波辐射以及建筑物-土壤横向热通量的联合作用在这一阶

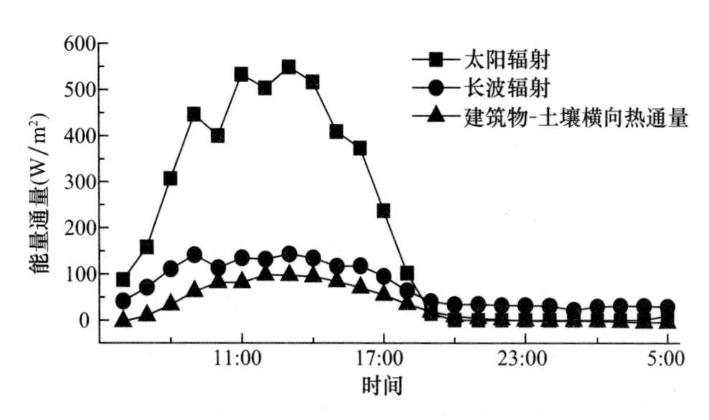

图 7-6　构筑物-土壤微梯度样带太阳辐射、长波辐射和横向热通量的昼夜变化

图片来源：本书作者自绘。

段是表层土壤温度变化的主要驱动力。在此阶段，起始点的表层土壤温度显著高于其他各个观测样点（$P<0.05$），构筑物-土壤微梯度观测样带上各个观测点的表层土壤温度差异逐步形成（$P<0.05$），并且稳定点逐步开始向远离建筑物基线的方向移动，最终稳定并且不再移动，这意味着建筑物对毗邻绿地表层土壤横向热影响的范围不断扩大直至稳定。这一时期通常是出现在日落前后时刻，此时，表层土壤的能量主要来源于太阳辐射转为建筑物-土壤横向热通量，也因此，在构筑物-土壤微梯度样带上可以清晰地观察到稳定的表层土壤温度梯度。

（3）Phase-2：在这一阶段，表层土壤温度的改变主要由长波辐射以及建筑物-土壤横向热通量所驱动，此时，太阳辐射降低到非常低的水平，接近于 0。表层土壤温度在这一阶段开始下降，建筑物对其毗邻的表层土壤横向热影响的范围达到一个稳定值，并且持续一段时间（范围大小和持续时间的长短均依赖于气象和天气条件）。稳定点的位置保持不变，并且起始点和稳定点之间不同观察点的表层土壤温度均存在显著性的差异（$P<0.05$）。在此阶段，稳定的表层土壤温度形成。

（4）Phase-3：这一阶段内，长波辐射决定表层土壤温度的变化。建筑物对其毗邻表层土壤横向热影响的范围开始缩短，并且，表层土壤温度梯度降低的趋势开始变得不稳定。由于在夜间长时间不能接受来自太阳的辐射能，建筑物一直处于能量逸散状态，建筑物自身所存储的热能已经消耗殆尽，所以来自于建筑物的热通量值微弱甚至出现负值。最终，空气温度成为影响表层土壤温度的主要因子。

因此，太阳辐射、长波辐射以及建筑物-土壤横向热通量的综合作用导致了建筑物对其毗邻表层土壤横向热影响周期的四个阶段，即 Phase-0、Phase-1、Phase-2、Phase-3。气象条件与建筑物遮荫的不同导致了表层土壤温度梯度不规律的变化模式。建筑物对其毗邻的表层土壤横向热影响的昼夜动态是建筑物-土壤横向热通量以及大气能量过程（太阳辐射、长波辐射等）相互作用的综合性结果。

本章小结

通过使用构筑物-土壤微梯度样带观测方法，我们连续调查并分析了不同的天气和季节条件下，建筑物的四个不同外墙其毗邻绿地的表层土壤温度日变化规律。其中，构筑物-土壤微梯度样带观测的空间范围确定为0～0.5m，观测时间为秋季、冬季、春季和夏季共四个季节，包括晴天和阴天这两种典型的天气条件，每次观测进行4～18天，具体的观测时间因观测条件而定。该研究可以得出如下结论：

（1）建筑物对其周边绿地表层土壤温度的影响范围在0～0.3m，具体的影响范围根据不同微气象条件的变化而发生改变。建筑物的每一个侧面对于其毗邻绿地表层土壤的热影响过程都是不同的，具体结果可以通过热影响范围（S_h）和热影响周期来体现。

（2）T_0 和 T_{50}表现出昼夜尺度上的周期性波动变化。而 $\Delta T_{0\sim50}$ 也显示出周期性的变化，其变化规律主要取决于 T_0 和 T_{50}。

（3）$\Delta T_{0\sim50}$是 T_0 和 T_{50}的差值，可以用来表达建筑物作为热源影响毗邻绿地表层土壤温度的强度。$\Delta T_{0\sim50}$为正值说明建筑物对于其毗邻的绿地表层土壤来说是热源（建筑物温度高于周边土壤，向周边土壤释放热量），与此相反，如果 $\Delta T_{0\sim50}$ 为负值则表明建筑物对于其毗邻的绿地表层土壤来说的热汇（建筑物温度低于周边土壤，从周边土壤吸收热量）。$\Delta T_{0\sim50}$值越高，建筑物对其毗邻绿地表层土壤的热影响强度越大。对于同一建筑物，$\Delta T_{0\sim50}$的最大值出现在夏季的晴天条件下，南侧、北侧、东侧和西侧的 $\Delta T_{0\sim50}$ 值分别为6.61K、1.64K、5.93K 和2.76K。

（4）在构筑物-土壤微梯度样带上，建筑物对毗邻绿地的表层土壤影响范围最大值在傍晚前后出现，此时太阳辐射十分微弱或者已经消失。建筑物南侧、北侧、东侧和西侧的外墙对其毗邻的表层土壤温度的最大影响范围分别为0.30m、0.15m、0.20m 和0.20m。建筑物对毗邻绿地的表层土壤的横向热影响范围可以看做是具有相似的循环过程或者周期性的变化规律，主要受天气条件和季节条件的影响。

（5）对于每个季节中的构筑物-土壤微梯度样带上平均土壤温度这一指标而言，所有的建筑物外墙均可以看做是其毗邻绿地表层土壤的热源，但冬季北侧外墙除外。南侧外墙在夏季的平均温差为2.18K，而北侧外墙在冬季的平均温差为−0.23K。

总体来说，本章得到了上述显著的研究结果，但仍然需要进一步的定量分析，主要涉及季节性和单日气象条件的改变，对构筑物-土壤微梯度样带上绿地表层土壤温度的影响。建筑物的遮荫影响仍然是影响表层土壤温度的一种重要因子，同样需要深入的研究。此外，建筑物对周边土壤的横向热影响并不仅仅存在于表层土壤，并且近些年来，地下城市热岛效应也开始逐步引起学者们的关注。因此，除表层土壤范围之外，还有必要在更深层的土壤范围内，进一步研究建筑物或其他人工构筑物对土壤的横向热通量。

第八章　表层土壤温度梯度与能量因子关系

第一节　大气-建筑物-土壤能量流动系统理论框架

学术界的大量研究都将焦点集中在大气温度和土壤温度的关系，受土壤影响的建筑物如何损失热量，以及建筑物外墙对外界环境的热力学响应等方面。相比之下，关于大气、建筑物和土壤这三者之间能量传递的研究结果相对较少，而且，很少有研究探索建筑物毗邻绿地表层土壤温度空间上的变异。本章的研究是通过建立大气-建筑物-土壤能量流动系统理论框架（图 8-1），并用构筑物-土壤微梯度分析法来研究表层土壤温度在水平方向上的空间变异，最终找出影响这种空间变异性的关键能量因子。如图 8-1 所示，能量在大气、建筑物以及土壤之间进行流动。

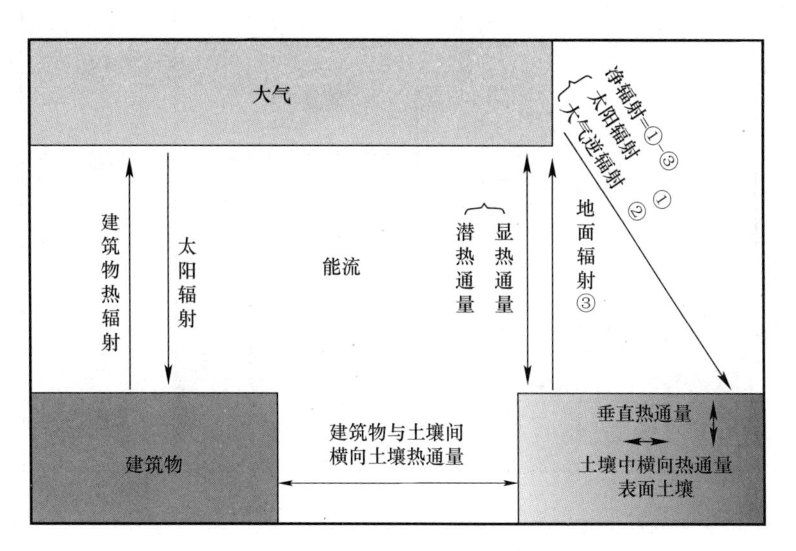

图 8-1　大气-建筑物-土壤能量流动系统理论框架

图片来源：本书作者自绘。

本章的研究并未将所有的能量流动全部考虑进来，只有图 8-1 中实心箭头所表示的部分予以考虑，包括：太阳辐射（Solar radiation，SR）、净辐射（Net radiation，NR）、地面辐射（Ground radiation，GR）、大气逆辐射（Atmospheric counter radiation，ACR）、垂直土壤热通量（Vertical soil heat flux，VHF）、建筑物-土壤横向热通量（Construction-soil horizontal heat flux，HHF_0）、距离建筑物基线 0.2m 处的土壤横向热通量（Horizontal heat flux at 0.20m，HHF_{20}）、距离建筑物基线 0.30m 处的土壤横向热通量（Horizontal heat flux at 0.30m，HHF_{30}）、距离建筑物基线 0.60m 处的土壤横向热通量（Horizontal heat flux at 0.60m，HHF_{60}）。

第二节　实验方法

一、仪器安置

如图 8-2 所示，土壤温度传感器被安置在距离建筑物基线 0.00m、0.05m、0.10m、0.15m、0.20m、0.30m、0.40m、0.60m、0.90m 和 1.50m 处，共计 10 个观测点，所有的观测点成一条直线排列，并构成构筑物-土壤微梯度观测样带。表层土壤温度分别被记录为 T_0、T_5、T_{10}、T_{15}、T_{20}、T_{30}、T_{40}、T_{60}、T_{90} 以及 T_{150}。各相邻两个观测点的表层土壤温度分别被记录为 ΔT_0、ΔT_5、ΔT_{10}、ΔT_{15}、ΔT_{20}、ΔT_{30}、ΔT_{40}、ΔT_{60} 和 ΔT_{90}。

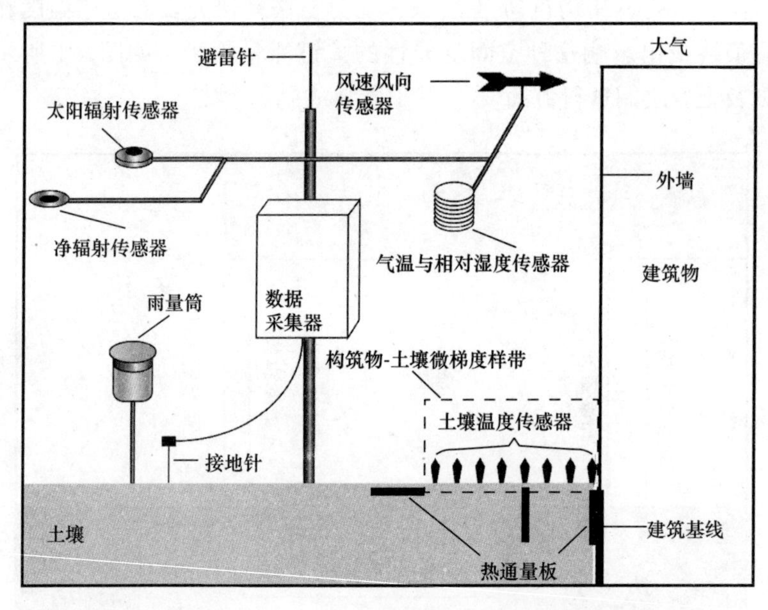

图 8-2　构筑物-土壤微梯度样带布局以及气象站安置

图片来源：本书作者自绘。

气象站载有的传感器安置方法与前文相同，这些传感器包括：太阳辐射、净辐射、气温和相对湿度。土壤热通量板的安置分为三种，用于测定不同的研究对象：

（1）当测定建筑物-土壤横向热通量时，将土壤热通量板安置在建筑物基线上，正面朝向建筑物，背面朝向土壤。

（2）当测定表层土壤中横向热通量时，将土壤热通量板安置在距离建筑物基线 0.2m 处，正面朝向建筑物，背面朝向土壤。

（3）当测定垂直热通量时，将土壤热通量板安置在距离土壤表面 0.02m 深度的土壤中，正面朝上，背面朝下。

本章实验部分采用的仍然是原位观测的方法，利用土壤温度传感器以及气象站，对表层土壤温度数据以及环境气象数据进行连续的观测，整个观测周期一共持续 10 天的时间，跨越六月份和七月份，观测周期内，每日的天气条件见表 8-1。由表 8-1 可以清晰地看出，观测期间涵盖了晴天、阴天以及雨天等典型的天气类型。

天气条件 表 8-1

	单位	六月				七月					
日期	—	27th	28th	29th	30th	1st	2nd	3rd	4th	5th	6th
总云量	%	11	33	99	43	61	80	73	69	48	58
平均太阳辐射强度	W/m^2	475	461	333	321	186	75.7	123	270	272	161
气温最高值	K	307	309	308	308	304	299	303	306	305	305
气温最低值	K	294	297	298	298	294	294	297	297	298	298
降水量	mm	0	0	0	0	0	48.1	0	0	0	0

表格来源：本书作者自绘。

二、数据计算方法

（1）地面辐射（长波辐射）数据是通过太阳辐射减去净辐射的数值计算所得。

（2）总云量数据在欧洲气象中心获得，该数据库内的数据分辨率为 0.125 经纬度，记录时间间隔为 6h，记录时间点分别为北京时间 2：00、8：00、14：00 和 20：00，数据采样点的坐标为 40.000°N，116.375°E，距离观测点的直线距离为 3.39km。

（3）大气逆辐射的数据是通过运用翁笃鸣的方法进行计算而得，如公式（8-1）所示：

$$ACR = \sigma T^4 \times [0.536 + 0.128\ln(1+E)](1+0.145n^2) \tag{8-1}$$

式中 σ——Stefan-Boltzmann 常数；

T——气温（K）；

n——总云量；

E——水汽压，可以通过公式（8-2）来计算：

$$E = E_W \times RH \tag{8-2}$$

式中 E_W——饱和水气压；

RH——相对湿度。

E_W 随气温变化，可以通过公式（8-3）来计算：

$$E_W = e^{\left[16.37379 - \frac{38763.659}{T_a + 229.73}\right]} \tag{8-3}$$

由于缺少对云量连续的数据观测，且欧洲气象中心所获取的总云量数据密度不能满足本研究的具体要求，因此，公式（8-3）可以简化为公式（8-4）：

$$ACR = \sigma T^4 \times [0.536 + 0.128\ln(1+E)] \tag{8-4}$$

本章实验过程中的大气逆辐射可以通过公式（8-2）、公式（8-3）和公式（8-4）来进行计算。

第三节　结果分析

一、构筑物-土壤微梯度样带上表层土壤温度空间变异性

作者通过对观测期间的绿地表层土壤平均温度进行分析，在构筑物-土壤微梯度样带上，表层土壤平均温度的空间分布呈现下降的趋势，并且下降的趋势先急后缓，如图 8-3 所示。另外，相邻两点间的平均温度差异总体上也呈现同样的下降趋势。

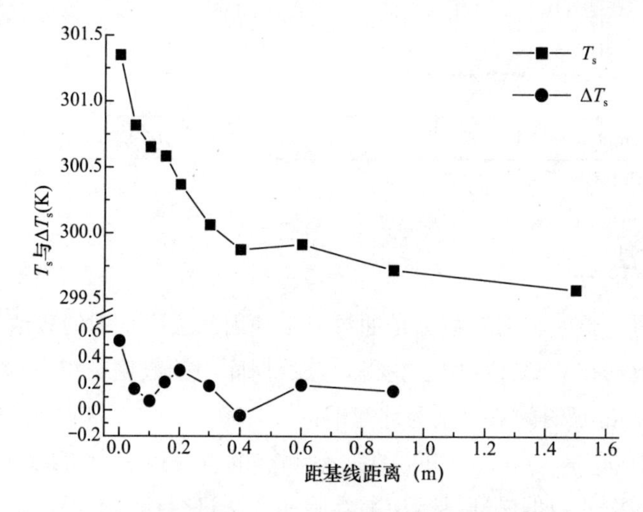

图 8-3　T_S 与 ΔT 的空间变异

图片来源：本书作者自绘。

在观测期间内，建筑物毗邻绿地的表层土壤的平均温度最高值出现在 0m 处，数值为 301.35K；最低值则出现在 1.5m 处，数值为 299.57K；二者之间的差值为 1.77K。

建筑物毗邻绿地的表层土壤温度变化率（R_S）用来表征在构筑物-土壤微梯度样带上，表层土壤温度随着与建筑物基线距离的空间变异程度，可以用公式（8-5）表示：

$$R_S = \Delta T_{0\sim20}/D \tag{8-5}$$

式中　$\Delta T_{0\sim20}$——T_0 与 T_{20} 的温度差异；

D——T_0 与 T_{20} 之间的距离，在这里 D 取 0.2m。

在本章节中，表层土壤温度变化率的单位是 K/m，按照公式（8-5）每小时计算一次。

Spearman 相关性分析用于分析表层土壤温度变化率与各种能量因子之间的相关关系方面，包括太阳辐射 SR、净辐射 NR、大气逆辐射 ACR、地面辐射 GR、建筑物-土壤横向热通量 HHF_0、土壤内部横向热通量 HHF_{20}，以及土壤垂直热通量 VHF。相关关系结果详见表 8-2。

土壤温度变化率与能量因子的相关关系　　表 8-2

能量因子	相关系数
太阳辐射（SR）	0.651**
净辐射（NR）	0.549**
大气逆辐射（ACR）	0.642**
地面辐射（GR）	0.725**
建筑物-土壤横向热通量（HHF_0）	0.869**
土壤内部横向热通量（HHF_{20}）	−0.388**
土壤垂直热通量（VHF）	0.711**

注：**表示在0.01水平上显著。
表格来源：本书作者自绘。

如表 8-2 所示，建筑物毗邻绿地的表层土壤温度变化率，与各种能量因子均呈现出极显著的相关关系（$P<0.01$）。其中，建筑物毗邻绿地的表层土壤温度变化率与太阳辐射 SR、净辐射 NR、大气逆辐射 ACR、地面辐射 GR、建筑物-土壤横向热通量 HHF_0、土壤内部横向热通量 HHF_{20} 成正相关，与土壤内部垂直热通量 VHF 呈负相关。

二、冗余分析结果

基于能量过程的不同，能量因子可以归纳为以下三类：

（1）大气能量过程，包括净辐射、地面辐射以及大气逆辐射。

（2）建筑物能量过程，仅包括建筑物-土壤横向热通量。

（3）土壤能量过程，包括垂直土壤热通量及土壤中的横向热通量。

太阳辐射的数据用来区分白昼与黑夜：当太阳辐射大于 0 时，为白昼；当太阳辐射小于 0 时，为黑夜。本章节的主要目的是用统计学的方法区分这三种能量过程在不同的时间段对表层土壤温度变化率所起到的作用，以期解释表层土壤温度变化率的能量学机制。冗余分析的结果如图 8-4 所示。

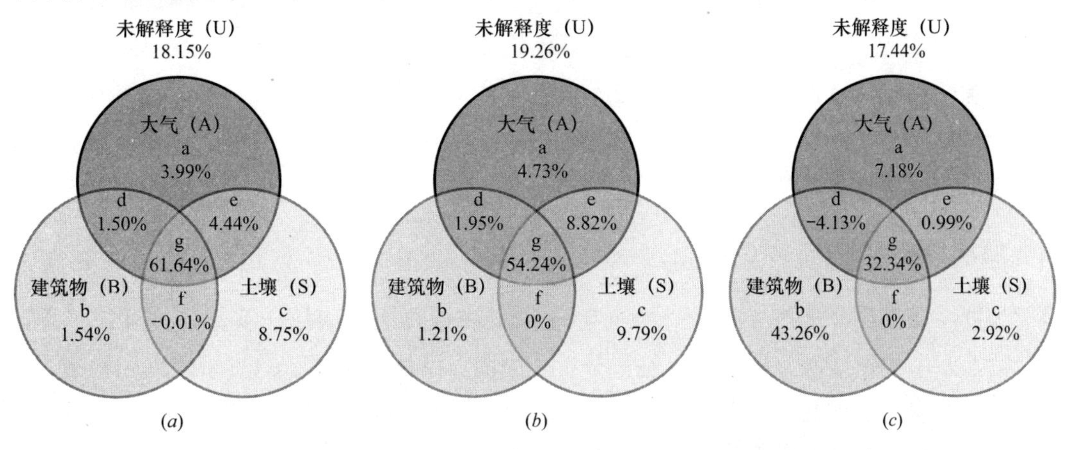

图 8-4　表层土壤温度变化率的冗余分析结果

（a）全天；（b）白天；（c）黑夜

图片来源：本书作者自绘。

（1）如图 8-4（*a*）所示，对于全天而言，大气、建筑物和土壤能量的过程对于建筑物毗邻绿地的表层土壤温度变化率的总解释度为 81.85%，而未解释度为 18.15%。其中，大气、建筑物与土壤能量过程的联合作用，对建筑物毗邻绿地的表层土壤温度变化率的解释度最高，比例达到了 61.64%，详见图 8-4（*a*）的色块 g 的部分。大气、建筑物与土壤每一种能量过程的单独贡献率相对较低，依次分别为 3.99%、1.54%和 8.75%，详见图 8-4（*a*）的色块 a、b 和 c 的部分，三者之和为 14.28%。除此之外，任意两种能量过程的联合作用贡献率的总和也相对较低：其中，大气与建筑物能量过程的联合贡献率仅为 1.50%；大气与土壤能量过程的联合贡献率仅为 4.44%；建筑物与土壤能量过程的联合贡献率则为−0.01%，共计 5.93%。

（2）如图 8-4（*b*）所示，对于白昼而言，大气、建筑物和土壤能量过程对于建筑物毗邻绿地的表层土壤温度变化率的总解释度为 80.74%，而未解释度为 19.26%。其中，大气、建筑物与土壤能量过程的联合作用，对建筑物毗邻绿地的表层土壤温度变化率的解释度最高，比例达到了 54.24%，详见图 8-4（*b*）的色块 g 的部分。大气、建筑物与土壤每一种能量过程的单独贡献率相对较低，依次分别为 4.73%、1.21%和 9.79%，详见图 8-4（*b*）的色块 a、b 和 c 的部分，三者之和为 15.73%。除此之外，任意两种能量过程的联合作用贡献率的总和也相对较低：其中，大气与建筑物能量过程的联合贡献率仅为 1.95%；大气与土壤能量过程的联合贡献率仅为 8.82%；建筑物与土壤能量过程的联合贡献率则为 0.00%，共计 10.77%。

（3）如图 8-4（*c*）所示，对于黑夜而言，大气、建筑物和土壤能量过程对于建筑物毗邻绿地的表层土壤温度变化率的总解释度为 82.56%，而未解释度为 17.44%。其中，建筑物能量过程单独贡献率对建筑物毗邻绿地的表层土壤温度变化率的解释度最高，比例达到了 43.26%，详见图 8-4（*c*）色块 b 的部分，大气、建筑物与土壤能量过程的联合作用，对建筑物毗邻绿地的表层土壤温度变化率的解释度仅次于建筑物的能量过程，为 32.34%，详见图 8-4（*c*）色块 g 的部分，大气与土壤这两种能量过程的单独贡献率相对较低，依次分别为 7.18%和 2.92%，详见图 8-4（*c*）色块 a 和 c 的部分，二者之和为 10.10%。此外，任意两种能量过程的联合作用贡献率的总和相对较低：其中，大气与建筑物能量过程的联合贡献率为−4.13%；大气与土壤能量过程的联合贡献率仅为 0.99%；建筑物与土壤能量过程的联合贡献率则为 0%，总和为−3.14%。

三、层次分析结果

为进一步研究各个能量因子对构筑物-土壤微梯度样带上表层土壤温度变化率的影响程度，本章节使用层次分析方法来进行分析。同前文一样，本章节仍然采用太阳辐射强度作为区分白昼与黑夜的标准，即当太阳辐射大于 0 时为白昼；当太阳辐射小于 0 时为黑夜。层次分析的结果在很大程度上与冗余分析的结果相一致。

（1）如图 8-5（*a*）和图 8-5（*b*）所示，对于全天而言，净辐射、大气逆辐射、地面辐射、建筑物-土壤横向热通量、土壤垂直热通量以及土壤内横向热通量的独立贡献率分别为 18.82%、4.76%、18.32%、14.31%、19.12%和 6.52%。大多数可解释度都与因子的联合贡献相关：净辐射、大气逆辐射、地面辐射、建筑物-土壤横向热通量以及土壤垂直热通量的联合贡献率分别为 49.63%、18.97%、48.01%、41.62%和 51.02%；只有土壤内横向热通量的联合贡献率最低，仅为 0.47%。这些能量因子的单独贡献率的降序排序为土壤垂直热通量（23.36%）、净辐射（22.99%）、地面辐射（22.39%）、建筑物-土壤横向热通量（17.48%）、土壤内横向热通量（7.97%）以及大气逆辐射（5.81%）。

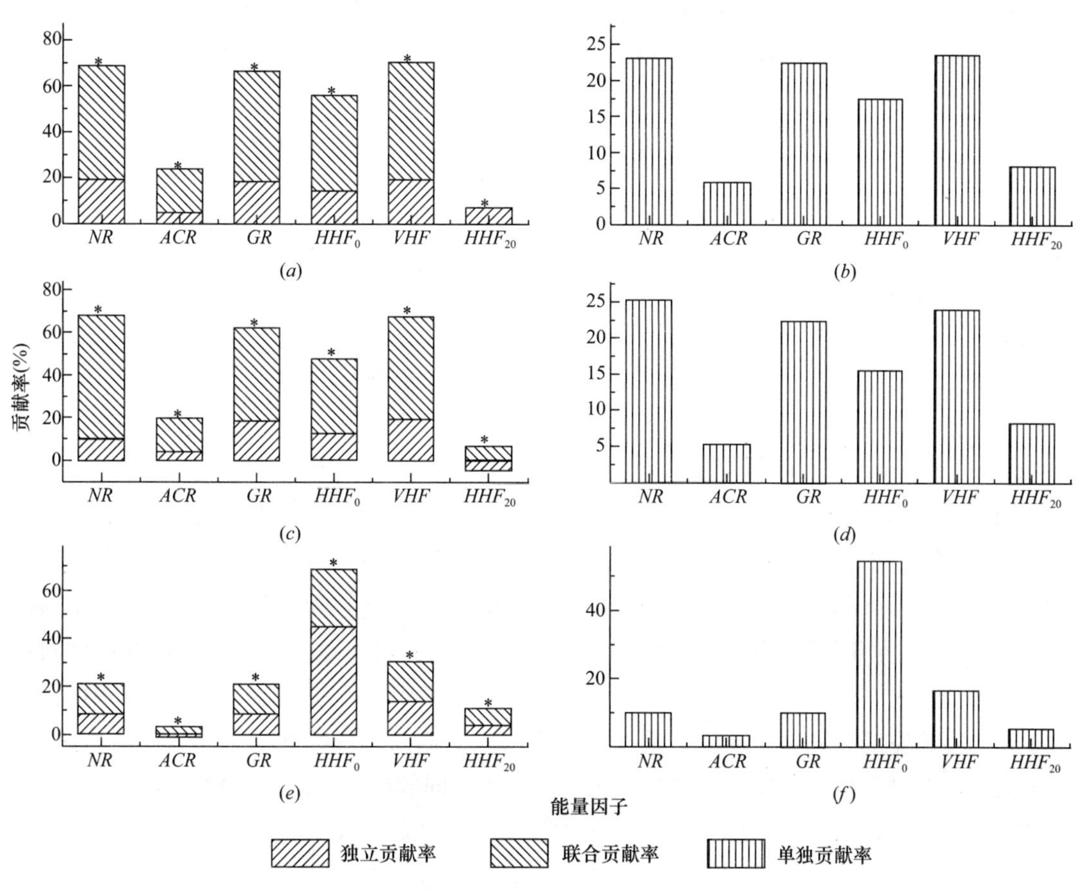

图 8-5 各个能量因子的独立贡献率、联合贡献率以及单独贡献率

(*a*)、(*b*) 全天；(*c*)、(*d*) 白天；(*e*)、(*f*) 黑夜

图片来源：本书作者自绘。

注：* 表示在 0.05 水平上差异显著。

（2）如图 8-5（*c*）和图 8-5（*d*）所示，对于白昼而言，净辐射、大气逆辐射、地面辐射、建筑物-土壤横向热通量、土壤垂直热通量以及土壤内横向热通量的独立贡献率分别为 20.29%、4.12%、18.03%、12.46%、19.29%和 6.56%。大多数可解释度都与因子的联合贡献相关：净辐射、大气逆辐射、地面辐射、建筑物-土壤横向热通量以及土壤垂直热通量的联合贡献率分别为 46.92%、15.34%、44.24%、35.15%和 48.22%；只有土壤内横向热通量的联合贡献率最低，仅为—4.60%。这些能量因子的单独贡献率的降序排序为净辐射（25.12%）、土壤垂直热通量（23.89%）、地面辐射（22.33%）、建筑物-土壤横向热通量（15.43%）、土壤内横向热通量（8.12%）以及大气逆辐射（5.11%）。

（3）如图8-5（*e*）和图8-5（*f*）所示，夜间的情况与白昼有着非常大的区别，净辐射、大气逆辐射、地面辐射、建筑物-土壤横向热通量、土壤垂直热通量以及土壤内横向热通量的独立贡献率分别为8.37%、3.17%、8.37%、44.69%、13.52%和4.43%。在这些能量因子之中，建筑物-土壤横向热通量的独立贡献率最高。并且，部分的解释度与联合贡献率相关，净辐射、大气逆辐射、地面辐射、建筑物-土壤横向热通量、土壤垂直热通量以及土壤内横向热通量的联合贡献率分别为12.62%、−1.01%、12.62%、23.86%、16.73%以及6.52%。这些能量因子的单独贡献率的降序排序为建筑物-土壤横向热通量（54.13%）、土壤垂直热通量（26.38%）、净辐射（10.14%）、地面辐射（10.14%）、土壤内横向热通量（5.36%）和大气逆辐射（3.84%）。

第四节　讨论

一、建筑物-土壤横向热通量的来源

通常，我们会认为城区的土壤温度较高的原因是人为热所造成的。事实上，人为热的确在提升城市土壤温度上起到了重要的作用。季节性或者长期性的城市基础设施的高温导致其周边土壤温度随之升高，例如，污水系统以及加热管道等。地铁隧道使其周边土壤温度升高5～10K，并且管线和电缆会在其周边土壤形成稳定的温度场。此外，城市建筑物可以通过地基对其毗邻绿地的表层土壤进行热传导。还有，人为热能够成为城市地区浅层地下水温度升高的驱动力。不同的是，本章中研究的横向热影响并不是人为热所造成的。其原因可以归结为城市的建筑材料与土壤具有截然不同的热力学属性，导致了建筑物与其毗邻表层土壤的温度不同，最终产生了建筑物-土壤的横向热通量。

二、构筑物-土壤微梯度样带上表层土壤温度空间变异驱动力

在本章中，表层土壤温度受许多能量因子的影响，包括净辐射、地面辐射、大气逆辐射、建筑物-土壤横向热通量、垂直热通量以及土壤中横向热通量（HHF_{20}、HHF_{30}和HHF_{60}）。

根据冗余分析对全天数据的分析，大气、建筑物和土壤这三类能量过程的联合作用主导表层土壤温度变化率。各个能量过程的单独贡献以及任意两种能量过程的联合作用仅能解释小部分的表层土壤温度变化率，尤其是建筑物与土壤能量过程的联合作用。白昼的冗余分析结果类似于全天的结果。但是，夜间的冗余分析结果与全天和白昼均不相同，各个能量过程的单独作用产生巨大变化。建筑物能量过程成为表层土壤温度变化率的首要驱动力，而上述三类能量过程的联合贡献的作用次之。任意两种能量过程的联合作用，以及其

他能量因子的独立作用起到的作用相对较小。

层次分析的结果与冗余分析的结果相一致，同样揭示了对于表层土壤温度变化率而言，没有任何一类能量过程在全天或者白天起到主导作用。但是在夜间的情况有所不同，建筑物-土壤横向热通量在夜间对表层土壤温度变化率的影响起到了绝对的控制作用，其单独贡献率已经超过了其他所有能量因子单独贡献率的总和。这两种统计分析结果都说明，表层土壤温度变化率在全天和白昼是受多种能量因子综合作用的影响，而在夜间，则主要受到建筑物-土壤横向热通量的影响。

基于上述的实践实证，横向热通量是造成表层土壤温度变化率的关键因素。然而，建筑物-土壤横向热通量起到的作用，要大于表层土壤中横向热通量所起的作用。为了进一步证明上述的实践结果，用 T 检验的方法来分析 T_0 和 T_{20} 的每 24h 变异系数之间的显著性差异，置信区间为 95%。T 检验的结果表明，在 T_0 和 T_{20} 的变异系数之间存在着显著性差异（$P<0.05$）。除此之外，建筑物-土壤横向热通量与表层土壤内部横向热通量的日变化规律也解释了这一点，如图 8-6（*a*）所示。

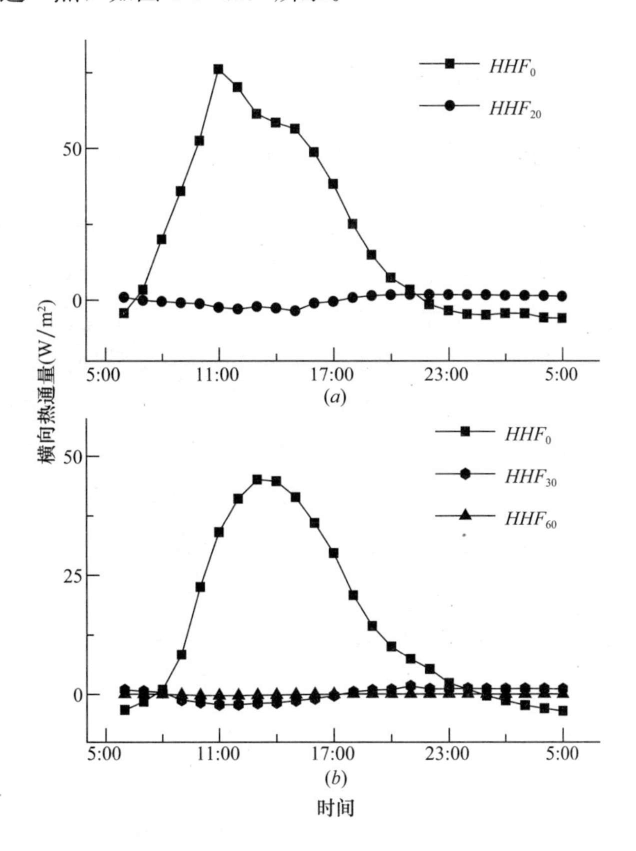

图 8-6　横向热通量比较

（*a*）距离基线 0m 与 0.2m；（*b*）距离基线 0m、0.3m 及 0.6m

图片来源：本书作者自绘。

本书的作者使用了同样的方法比较了 T_0、T_{30} 和 T_{60} 的变异系数，T 检验的结果则显示出了 T_0 的变异系数与 T_{30} 和 T_{60} 的变异系数具有显著性的差异（$P<0.05$），但是，T_{30}

和 T_{60} 的变异系数却不具有显著性的差异（$P>0.05$）。同时，作者对热通量板的位置进行了一定的调整，土壤热通量板被安置在距离建筑物基线 0.0m、0.3m 和 0.6m 的位置，用于测定表层土壤中的横向热通量，如图 8-7 所示。

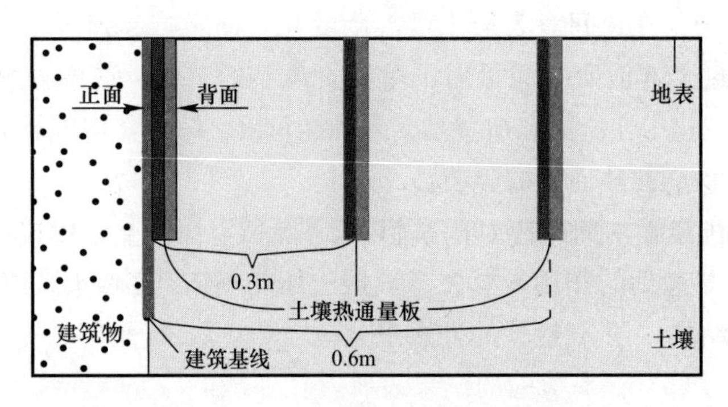

图 8-7　三块土壤热通量板的安置

图片来源：本书作者自绘。

图 8-6（*b*）是调整热通量板位置后所测得的横向土壤热通量在 0m、0.3m 和 0.6m 处的变化规律，实验结果同样可以解释各个观测点的表层土壤温度为何出现不同的变化。

三、建筑物-土壤横向热通量对横向热影响昼夜过程的影响

建筑物-土壤横向热通量在白昼与黑夜这两个不同的时段对构筑物-土壤微梯度样带上表层土壤温度变化率起到不同的作用。在白天，冗余分析的结果说明建筑物过程的独立贡献仅为 1.21%；而层次分析的结果则说明，建筑物-土壤横向热通量的独立贡献率为 12.46%。在夜间，冗余分析的结果说明建筑物过程的独立贡献为 43.26%；而层次分析的结果则表明，建筑物-土壤横向热通量的独立贡献率为 44.69%。这两种统计结果均表示出建筑物-土壤的横向热通量在白天与夜间对构筑物-土壤微梯度样带上的表层土壤温度变化率所起到截然不同的作用，这与本书前文中夏季城市建筑物对土壤横向热影响昼夜过程的 Phase-0 和 Phase-3 出现在黎明破晓时段，Phase-1 出现在白天，而 Phase-2 出现在傍晚与夜间的节律是相符的。这同样说明建筑物对其毗邻绿地表层土壤的影响过程随不同时刻而发生变化，是各种能量因子相互作用的共同结果，是不同能量因子在不同时段占据主导地位的产物。

本章小结

在本章，通过使用构筑物-土壤微梯度样带法，作者建立了大气-建筑物-土壤能量流动系统的理论框架，并且在该理论框架的支持下，作者对建筑物毗邻绿地表层土壤温度的空间变异性进行原位观测。基于所建立的理论框架和多种统计学分析方法，对所观测的数据进行统计和分析，作者得到了以下几点相互支持的结论。

（1）建筑物毗邻绿地表层土壤温度的变化率与多种能量过程相关。无论对于全天、白昼或是夜间，大气、建筑物以及土壤能量过程都能够对构筑物-土壤微梯度样带上，建筑物毗邻绿地表层土壤温度的变化率有超过80％的解释度。这三类能量过程在不同的时间段内，对建筑物毗邻绿地表层土壤温度变化率起到不同的作用。对于全天或者白昼而言，三类能量过程的联合作用起主导作用，分别能够对表层土壤温度变化率有61.64％和54.24％的解释度；然而对于夜间来讲，建筑物的能量过程起到主导作用，对建筑物毗邻绿地表层土壤温度变化率有43.26％的解释度。

（2）六种能量因子在不同时段对构筑物-土壤微梯度样带上，建筑物毗邻绿地表层土壤温度变化率起到不同的作用。对于全天而言，各种能量因子联合起来驱动构筑物-土壤微梯度样带上，建筑物毗邻绿地表层土壤温度变化率，其中净辐射联合贡献率为49.63％，大气逆辐射联合贡献率为18.97％，地面辐射联合贡献率为48.01％，建筑物-土壤横向热通量联合贡献率为41.62％，以及垂直土壤热通量联合贡献率为51.02％，没有单一的能量因子起到主导作用。对于白天而言，各种能量因子的联合贡献共同驱动构筑物-土壤微梯度样带上，建筑物毗邻绿地表层土壤温度变化率，净辐射、大气逆辐射、地面辐射、建筑物-土壤横向热通量以及垂直土壤热通量联合贡献率分别为46.92％、15.34％、44.24％、35.15％以及48.22％，同样，没有单一的能量因子起到主导作用。然而，对于夜间而言，建筑物-土壤横向热通量起到主导作用，其独立贡献率达到了44.69％，而其他的能量因子起到次要作用，净辐射、地面辐射、垂直土壤热通量、土壤内部横向热通量以及大气逆辐射的独立贡献率分别为12.62％、12.62％、23.86％、16.73％和6.52％。

第九章 构筑物-土壤微梯度样带表层土壤温度公式拟合

第一节 实验设计

本章所采用的实验方法与前文部分基本一致。其中，土壤温度传感器的安置方法以及气象站的架设条件均与前文相同；而土壤热通量板的位置稍作了调整，安置在距离建筑物基线 0.0m、0.3m 和 0.6m 的位置，用于测定表层土壤中的横向热通量，如图 8-7 所示。本章实验所采用的依然是原位观测的方法，利用土壤温度传感器以及气象站，对表层土壤温度数据，以及环境气象数据进行连续的观测，整个观测周期一共持续 15 天时间，实验所进行的时间，以及天气条件均见表 9-1。

天气条件　　表 9-1

	单位	八月														
日期		1st	2nd	3rd	4th	5th	6th	7th	8th	9th	10th	11th	12th	13th	14th	15th
总云量	%	25	21	50	81	99	44	28	16	20	8	54	76	48	3	7
平均太阳辐射强度	W/m^2	184	234	178	45	300	424	406	315	311	455	426	342	72	440	414
最高气温	K	307	309	309	301	307	309	307	306	306	308	308	307	298	305	307
最低气温	K	299	300	299	293	294	295	296	296	292	294	295	294	291	292	294
降水量	mm	0	0	0.5	16.2	0	0	0	0	0	8	0	0	20	0	0

表格来源：本书作者自绘。

由表 9-1 可以看出，实验期间的天气条件包括晴天、阴天和雨天等多种典型的天气类型。

第二节 结果分析

一、表层土壤温度在构筑物-土壤为梯度样带上分布公式拟合结果

本章以人工构筑物南侧毗邻表层土壤为例，使用 Matlab 2012b 版中的 Curve Fitting Tool 和 Sigma Plot 10.0 版中的 Fit Curve 工具对表层土壤温度在构筑物-土壤微梯度样带上的分布进行公式拟合。构筑物-土壤微梯度样带上表层土壤温度的 24 小时连续过程如图 9-1 所示，其中，以早晨 6 时为时间起点，记录为 0min，次日早晨 5 时为结束点，记录为 1380min。在

昼夜尺度上的不同时刻，构筑物-土壤微梯度样带上的土壤温度呈现下降的趋势：在空间上，表层土壤温度的下降程度先急后缓，直到最后趋于平稳；在时间上，表层土壤温度的下降趋势随时间的变化而变化，表现为早晨小，中午高，傍晚与夜间小的特点。虽然在距离建筑物基线 0.3m 之后的区域有波动现象，但总体上并不影响表层土壤温度的变化趋势。

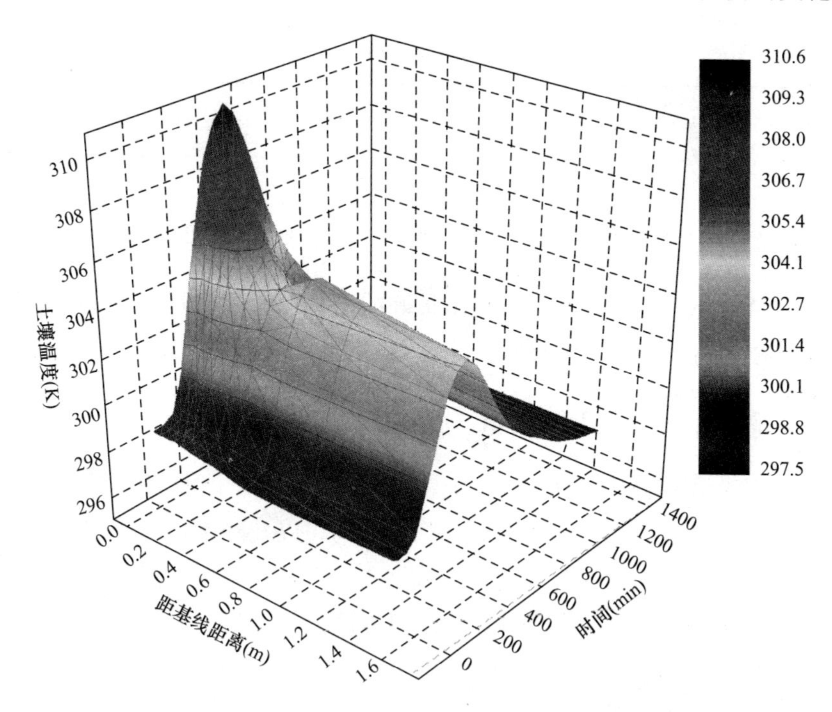

图 9-1　夏季构筑物-微梯度样带上表层土壤温度时空分布

图片来源：本书作者自绘。

根据图 9-1 中构筑物-土壤微梯度样带上表层土壤温度的变化模式与规律，作者尝试多种形式的拟合方式，对距离建筑物基线的长度与表层土壤温度的关系进行拟合。多种拟合的结果表明，以起始点开始，建筑物周边表层土壤温度用公式（9-1）来表示最为合适：

$$T_S = a \times \exp^{(-bx)} + c \tag{9-1}$$

式中　T_S——土壤温度；

x——与起始点的距离（m），整个公式表明的是距离人工构筑物一定长度的表层土壤温度。

将观测期内所获得的土壤温度数据进行拟合，每小时一次，每天共计 24h。每个整点数据指的是当前整点至下一整点的一个小时时间内的平均值。经过拟合，作者发现在降雨时段以及降雨时段后的 5～8h，拟合结果效果差，R^2 值非常低，并且 P 值高。表 9-2 给出了 R^2 值的分布情况。

拟合公式 R^2 的频率　　**表 9-2**

$R^2 \geq 0.95$	$0.90 \leq R^2 < 0.95$	$0.80 \leq R^2 < 0.90$	$0.70 \leq R^2 < 0.80$	$0.50 \leq R^2 < 0.70$	$R^2 < 0.50$
44.17%	18.61%	14.44%	5.83%	3.89%	13.06%

表格来源：本书作者自绘。

如表 9-2 所示，77.22%的 R^2 值都大于 0.80 并且通常在傍晚和午夜之前出现，相比之下只有 13.06%的 R^2 值小于 0.5，这些值通常在破晓与上午之间出现，雨后也会出现。每个参数的显著性（P 值）可以根据统计学常用的标准分为 3 类：(1) 小于 0.01；(2) 大于等于 0.01 且小于 0.05；(3) 大于等于 0.05。每个参数的 P 值分布频率见表 9-3。

公式 3 个参数的 P 值分布频率 **表 9-3**

	<0.01	$\geqslant 0.01$ 且 <0.05	$\geqslant 0.05$
P_a	88.89%	2.78%	8.33%
P_b	58.61%	12.50%	28.89%
P_c	95.56%	0.28%	4.16%

表格来源：本书作者自绘。

在公式的三个参数之中，参数 c 表现出最好的拟合度，其次是参数 a，最后是参数 b。其中，95.84%的 P_c 小于 0.05；91.67%的 P_a 小于 0.05，仅有 71.11%的 P_b 小于 0.05。

二、公式 3 个参数与气象因子的关系

基于前文中的公式拟合度分析结果，R^2 值在降雨时段，以及降雨时段后几个小时内均呈现数值相对较低的状态，作者将所有在降水期间，以及降水后几个小时内所观测的数据及其拟合结果移除，仅留下与降水无关的数据及其拟合结果用于进行相关性分析。由于所剩数据为非正态分布，作者采用 Spearman 相关性分析方法进行相关性分析。公式的 3 个参数均与不同的气象因子呈极显著相关（$P<0.01$），见表 9-4。

公式 3 个参数与气象因子的关系 **表 9-4**

相关系数	太阳辐射	净辐射	地面辐射	建筑物-土壤横向热通量	0.3m 处土壤横向热通量	0.6m 处土壤横向热通量	气温
参数 a	0.409**	0.317**	0.425**	0.790**	0.338**	0.326**	0.649**
参数 b	0.555**	0.496**	0.457**	0.897**	0.561**	0.509**	0.780**
参数 c	0.705**	0.777**	0.408**	0.848**	0.840**	0.771**	0.946**

注：**表示在 0.01 水平上显著。

表格来源：本书作者自绘。

通过将公式的 3 个参数以及各个气象因子之间逐个进行线性回归分析所得到的结果，可以看出，参数 a 和建筑物-土壤横向热通量、参数 b 和建筑物-土壤横向热通量绝对值的平方根，以及参数 c 与气温的 R^2 值最高，如图 9-2 所示。此外，每一组线性公式的 P 值均小于 0.01。

如图 9-2 所示，公式 3 个参数均与不同的气象因子显著正相关（$P<0.01$），并且可以使用下列几个公式来表示：

$$a = 0.056HHF_0 + 1.145 \tag{9-2}$$

$$b = \begin{cases} 0.82\sqrt{|HHF_0|} + 2.044 & (HHF_0 \geqslant 0) \\ -0.82\sqrt{|HHF_0|} + 2.044 & (HHF_0 < 0) \end{cases} \tag{9-3}$$

$$c = 0.549T_a + 134.294 \tag{9-4}$$

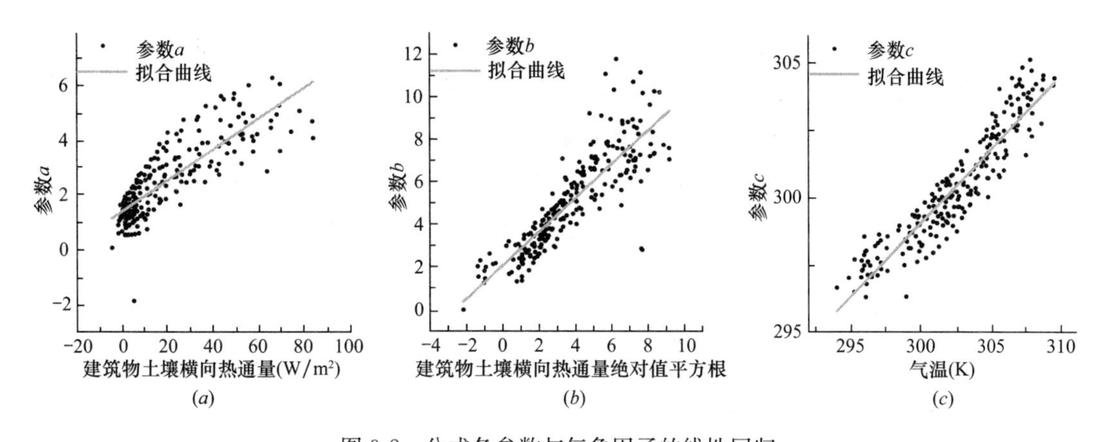

图 9-2　公式各参数与气象因子的线性回归

（a）参数 a 与 HHF_0；（b）参数 b 与 HHF_0 绝对值的平方根；（c）参数 c 与气温

图片来源：本书作者自绘。

式中　HHF_0——建筑物-土壤的横向热通量；

T_a——距离地表 2m 高度的气温。

三、公式 3 个参数与气象因子时滞效应

以单日为尺度将公式的 3 个参数与气象因子进行拟合实验，拟合结果表明如下。

（1）参数 a 和人工构筑物与土壤之间的热通量存在着极显著的相关性（$P<0.01$），且呈线性关系，如图 9-3（a）所示。图 9-3（a）中的数据结果有相位移动迹象，根据 Tarvainen 的方法，作者将建筑物-土壤横向热通量进行时间上前移或者滞后，再进行拟合，取 R^2 值最高者作为最终拟合结果。其中，当气象因子前移 1h 进行拟合时，R^2 值最高且相关性仍为极显著（$P<0.01$），如图 9-3（b）所示。这说明参数 a 与建筑物-土壤横向热通量存在时滞效应。

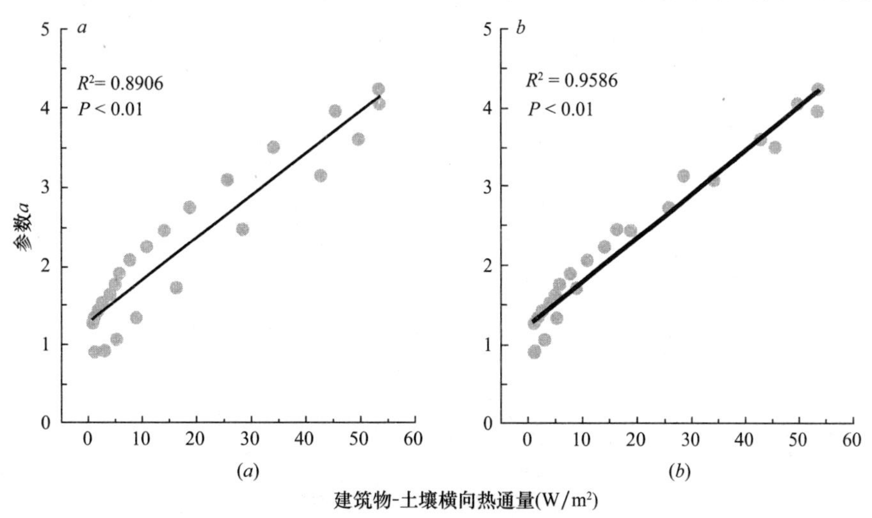

图 9-3　参数 a 与建筑物-土壤横向热通量的线性回归

（a）时刻对应；（b）HHF_0 前置 1h

图片来源：本书作者自绘。

（2）参数 b 和建筑物-土壤的横向热通量绝对值的平方根存在着极其显著的相关性（$P<0.01$），且呈线性关系。图 9-4（a）的数据结果有相位的移动现象。同样，作者将建筑物-土壤横向热通量绝对值的平方根进行前移或者滞后，进行拟合，取 R^2 值最高的作为最终的拟合结果。当建筑物-土壤横向热通量的平方根前移 1h 进行拟合时，R^2 值最高且相关性仍为极其显著（$P<0.01$），如图 9-4 所示。这说明，参数 b 和建筑物-土壤横向热通量的绝对值的平方根之间存在着时滞效应。

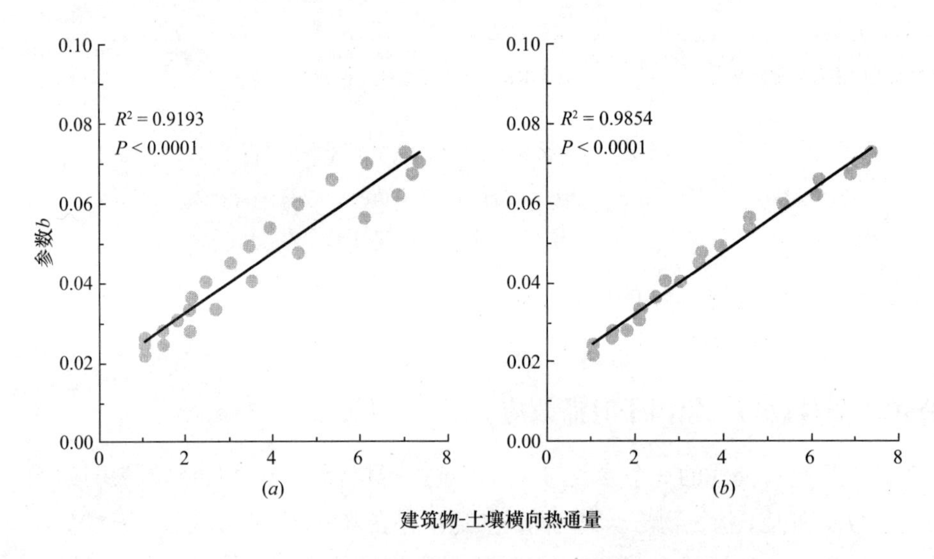

图 9-4 参数 b 和建筑物-土壤横向热通量绝对值平方根的线性回归

（a）时刻对应；（b）HHF_0 前置 1h

图片来源：本书作者自绘。

（3）参数 c 与气温存在着极其显著的相关性（$P<0.0001$），且呈线性关系，也无相位移动，如图 9-5 所示。这意味着，参数 c 与气温之间并不存在着时滞效应。

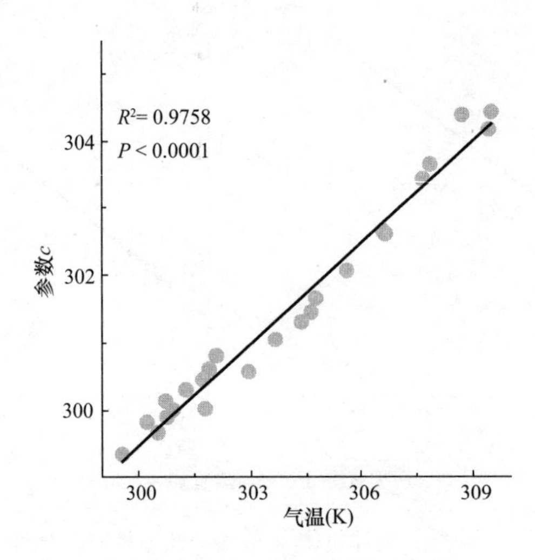

图 9-5 参数 c 和气温的线性回归

图片来源：本书作者自绘。

四、土壤温度分布公式参数 *P* 值与建筑物影响表层土壤温度

表 9-5 所表示的是单日尺度上公式的三个参数 a、b 和 c 的 P 值，以及公式拟合优度，分别以 P_a、P_b、P_c 和 R^2 来表示。

单日尺度上不同时刻公式 3 个参数的 P 值、公式 R^2 值以及建筑物-土壤横向热通量值　表 9-5

时间	P_a	P_b	P_c	R^2	HHF_0(W/m²)
6：00	0.008600	0.164000	<0.0001	0.919700	−1.1
7：00	0.001200	0.085800	<0.0001	0.924300	−0.923
8：00	0.000600	0.062400	<0.0001	0.916500	0.108
9：00	0.000400	0.038500	<0.0001	0.924700	2.201
10：00	<0.0001	0.015000	<0.0001	0.948300	4.827
11：00	<0.0001	0.001700	<0.0001	0.976300	8.68
12：00	<0.0001	0.008300	<0.0001	0.956300	10.46
13：00	<0.0001	0.005800	<0.0001	0.961100	11.52
14：00	<0.0001	0.002100	<0.0001	0.972400	23.83
15：00	<0.0001	0.000100	<0.0001	0.988100	29.62
16：00	<0.0001	<0.0001	<0.0001	0.989300	32.94
17：00	<0.0001	<0.0001	<0.0001	0.991700	28.21
18：00	<0.0001	<0.0001	<0.0001	0.993800	24.82
19：00	<0.0001	<0.0001	<0.0001	0.993400	21.42
20：00	<0.0001	<0.0001	<0.0001	0.994100	16.23
21：00	<0.0001	<0.0001	<0.0001	0.995400	12.45
22：00	<0.0001	<0.0001	<0.0001	0.996500	9.35
23：00	<0.0001	<0.0001	<0.0001	0.997400	7.153
0：00	<0.0001	<0.0001	<0.0001	0.997800	5.513
1：00	<0.0001	<0.0001	<0.0001	0.998000	4.402
2：00	<0.0001	<0.0001	<0.0001	0.996400	3.596
3：00	<0.0001	<0.0001	<0.0001	0.994100	2.245
4：00	<0.0001	0.000400	<0.0001	0.990300	1.123
5：00	<0.0001	0.000800	<0.0001	0.988100	1.122

表格来源：本书作者自绘。

其中，P_c 值在 24h 的范围内均小于 0.0001；P_a 值仅在 6～9 时处于 0.01～0.05，其余时段的 P_a 值均小于 0.0001；P_b 值的变化比较明显，可以分为四个区间，即 $P_b \geq 0.05$、$0.05 > P_b \geq 0.01$、$0.01 > P_b \geq 0.0001$ 以及 $P_b < 0.0001$，R^2 值均大于 0.9，并且随 P_b 值的变化而变化，当 P_b 值升高时 R^2 值降低，P_b 值降低时 R^2 值升高。

根据 P_b 值在上述四个区间内的变化规律可以发现，其大致可以与表层土壤温度受人工构筑物的影响的四个阶段相匹配，即 Phase-0、Phase-1、Phase-2 和 Phase-3。Phase-0 的 P_b 值最高，大于 0.05；Phase-1 和影响后期的 P_b 值在 0.0001～0.01，而 Phase-2 时 P_b 值最低，小于 0.0001。这一现象与建筑物梯度分布的结果相符。

另外，P_b 值大于 0.05 阶段属于 Phase-0，此时由人工构筑物向其毗邻表层土壤传导的热通量非常少，甚至为负值（这表示，此时的热通量由表层土壤向人工构筑物传导）。

第三节　讨论

一、公式各参数意义

公式（9-1）能够用来表征构筑物-土壤微梯度样带上表层土壤温度的变化，其中该公式的参数 a、b 和 c 具有不同的意义：

（1）参数 c 的意义：如果公式（9-1）中的 x 是一个非常大的值，那么公式中 $a\times\exp^{(-bx)}$ 的计算结果趋近于 0，因此，整个公式的计算结果无限趋近于参数 c 的数值，这意味着，我们可以认为参数 c 是不受到建筑物-土壤横向热通量影响的土壤温度。除此之外，前人的研究结果表明，土壤温度与气温之间存在着非常显著的正相关性。本章的研究中，参数 c 与气温也存在着相似的正相关性（图 9-5），并且，整个公式所表示的是构筑物-土壤微梯度样带上的表层土壤温度，因此，可以认为参数 c 所表示的是不受建筑物-土壤横向热通量影响的城市表层土壤温度。

（2）参数 a 的意义：如果公式（9-1）中的 x 取值为 0，则该公式的最终结果为 $a+c$。如上一段所提到的，参数 c 表示不受建筑物-土壤横向热通量影响的城市表层土壤温度，因此，可以认为参数 a 是建筑物基线处表层土壤温度与不受建筑物-土壤横向热通量影响的城市表层土壤温度之间的差值。事实上，土壤温度差异是造成土壤热通量的根本原因，并且土壤温度差异越高，土壤热通量越大，反之亦然。在本章的研究中，参数 a 所表现出和建筑物-土壤横向热通量的极其显著的线性关系，证实了上述推测。

（3）参数 b 的意义：参数 b 可以认为是与表层土壤温度差异以及土壤热属性相关的系数。热通量可以由公式（9-5）来计算：

$$q=-\lambda\frac{\mathrm{d}t}{\mathrm{d}x} \tag{9-5}$$

式中　q——土壤热通量；

$\mathrm{d}t/\mathrm{d}x$——土壤温度变化率；

λ——土壤热导率。

参数 b 和建筑物-土壤横向热通量的绝对值的平方根表现出极其显著的正相关性，即参数 b 与公式（9-5）中的 q 绝对值的平方根呈现极其显著的正相关。因此，参数 b 可以认为是建筑物与表层土壤温度差异以及土壤热属性相关的系数。

二、参数 *b* 的 *P* 值

根据前文的研究结果，参数 c 和参数 a 均表现出非常好的统计学结果，其中，

95.84%的 P_c 值与 91.67%的 P_a 值均小于 0.05。与 P_c 值和 P_a 值相比，P_b 值显示出对气象环境相对较高的敏感性，特别是对急剧变化的能量因子：

（1）如图 9-6 所示，对于 P_b 值小于 0.01 的情况，这些对应的时刻大多都高度集中在 16：00～0：00（从日落到午夜时段）；很少分布在 7：00～11：00（从日出到中午时段）。

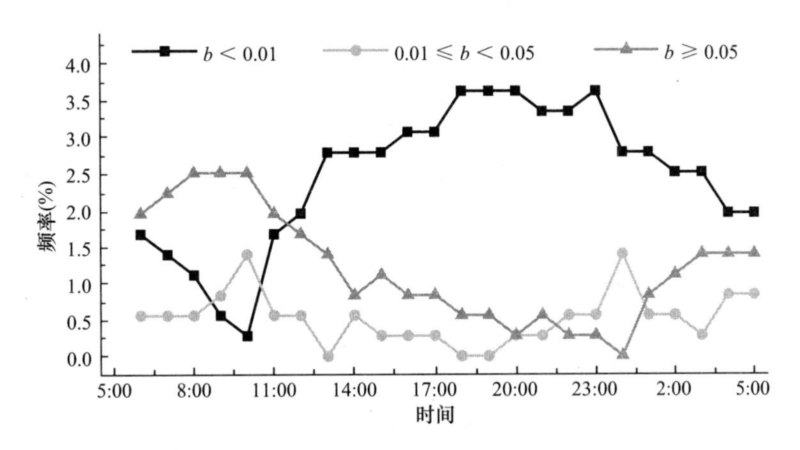

图 9-6　P_b 在昼夜尺度上的分布

图片来源：本书作者自绘。

（2）如图 9-6 所示，与上段叙述的情况相反，对于大于 0.05 的 P_b 值，主要集中在 6：00～11：00（从日出到中午时段），而很少在 18：00～0：00（从日落到午夜时段）分布。

（3）对于介于 0.01～0.05 的 P_b 值的分布情况，暂时还没有比较明显的规律可言。

所有这些证据均表明：公式（9-1）在午后到破晓之间的时段表现出非常好的拟合度。P_b 值的分布也在很大程度上与前文章节中的冗余分析以及层次分析的结果相吻合，即建筑与土壤之间的热通量仅在夜间起到主导作用。

本章小结

在本章中，作者对构筑物-土壤微梯度样带上表层土壤温度的变化以及相应的气象/能量因子进行了连续的观测；结合大气—建筑物—土壤能量流动系统的理论框架，对所得到的数据进行拟合与相关性分析。最终，作者得到在构筑物-土壤微梯度样带上表层土壤温度随距离变化的拟合公式，$T_S = a \times \exp^{(-bx)} + c$。该公式中共有 3 个参数，分别具有不同的意义：

（1）参数 a 代表建筑物基线处表层土壤温度与不受建筑物-土壤横向热通量影响土壤温度的差异，可以通过 $a = 0.056HHF_0 + 1.145$ 来表示。

（2）参数 b 用来表示的是与土壤温度差异以及土壤热力学性质相关的系数，其具体的物理学意义有待进一步发掘，可以通过 $b = 0.82\sqrt{|HHF_0|} + 2.044(HHF_0 \geq 0)$ 或者

$b=-0.82\sqrt{|HHF_0|}+2.044(HHF_0<0)$来表示。

（3）参数c可以认为是不受建筑物-土壤横向热通量影响区域的表层土壤温度，与气温呈现显著的正相关性，可以用$c=0.549T_a+134.294$来表示。

总体来看，该公式将大气—建筑物—土壤各个能量过程结合到一起，为大气-建筑物-土壤能量流动系统理论框架的建立提供进一步的支持。

第十章　建筑物-土壤横向热通量及其影响因子

第一节　实验设计

本章的研究区域与本书第七章的研究区域相同，在春季和夏季两个季节进行，其中，代表春季的为三月份，而代表夏季的为七月份。气象站与的安置方式与本书第七章相同。热通量板的作用仅用于测定建筑物-土壤横向热通量。数据的获取方式、气象站安置与土壤传感器安置与本书第七章的方法相同，土壤热通量板埋设在建筑物基线处，土壤温度传感器埋设在距离建筑物基线处以及距离建筑物基线 0.05m 和 0.60m 处，其中，埋设在距离建筑物基线 0.60m 处的土壤温度传感器用于作为城市建筑物毗邻绿地表层土壤的参照温度；建筑物基线处与距离建筑物基线 0.05m 处的表层土壤温度用于进行建筑物-土壤横向热通量与表层土壤温度差异的拟合。

第二节　结果分析

一、春季与夏季建筑物-土壤横向热通量日变化

在春季与夏季两个季节的表层土壤中，建筑物-土壤横向热通量的昼夜变化为波动状的曲线。这表明，无论是在春季还是在夏季，建筑物-土壤横向热通量日变化的模式不变：从早晨到中午时段升高，从中午到傍晚时段下降，然后至次日早晨时段持续缓慢平稳地下降。如图 10-1 所示，建筑物-土壤横向热通量在昼夜尺度上均显示出相似的变化规律。然而，春季和夏季两个季节的日最大值和最小值却不相同：春季的最大值和最小值分别为 92.12W/m^2 和 −12.72W/m^2；夏季的最大值和最小值则分别为 106.92W/m^2 和 −26.82W/m^2。对于土壤而言，建筑物在大多数时间起到热源的作用，仅有少部分时间起到热汇的作用，从土壤吸收热量。建筑物-土壤横向热通量的变化模式与之前学者们在土壤垂直热通量的变化模式方面的研究结果极为相似。

二、建筑物-土壤横向热通量与气象因子的关系

建筑物-土壤横向热通量与垂直土壤热通量产生的原因相同，均由不同位置土壤温度

差异和温度梯度所导致。建筑物-土壤横向热通量的方向是从温度高的区域流向温度低的区域，这符合热力学第二定律。因此，一切影响土壤温度的以及建筑物温度的气象因子均对土壤建筑物-土壤横向热通量产生影响。在本章中，作者使用 Spearman 相关性分析来确定建筑物-土壤横向热通量与气象因子之间的相关性。

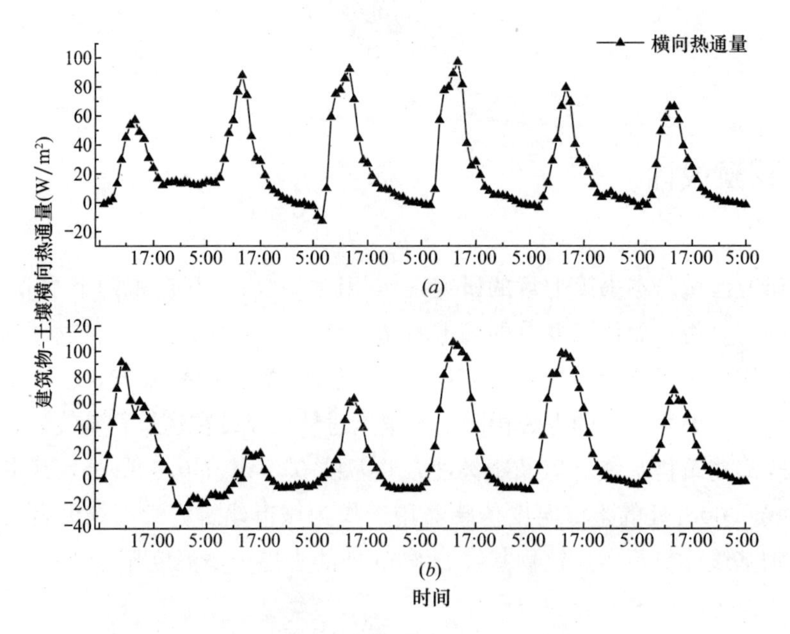

图 10-1　建筑物-土壤横向热通量日变化规律

（*a*）春季；（*b*）夏季

图片来源：本书作者自绘。

1. 太阳辐射与净辐射

太阳辐射具有规律的日变化特征。如果太阳不被云层或者其他物体所遮挡，其变化规律为波动状，即从日出到中午时段呈现上升的趋势，从中午到日落时段呈现下降的趋势，从夜间到次日日出时段期间为零。

基于上述内容，作者观测并获取了一套连续的太阳辐射与建筑物-土壤横向热通量的数据集，以此来分析二者之间在春季与夏季这两个季节的相关性。如图 10-2 所示，在春季二者的相关性可达到极其显著的水平，$P<0.01$；在夏季的情况与春季类似，二者的相关性达到了极其显著的水平，$P<0.01$。在春季，二者的相关系数为 0.865；在夏季，二者的相关系数为 0.874。

太阳辐射仅在白天存在，夜晚则降低为零。相比之下，净辐射是由太阳辐射减去地面长波辐射计算所得到的，是全天候存在的，并且还是可以被探测到的。由于净辐射传感器发生了故障，因此只有夏季的净辐射数据可以用于分析其与建筑物-土壤横向热通量之间的相关性。如图 10-3 所示，在昼夜尺度上，建筑物-土壤横向热通量与净辐射之间存在着极其显著的正相关性，$P<0.01$，相关系数为 0.806。

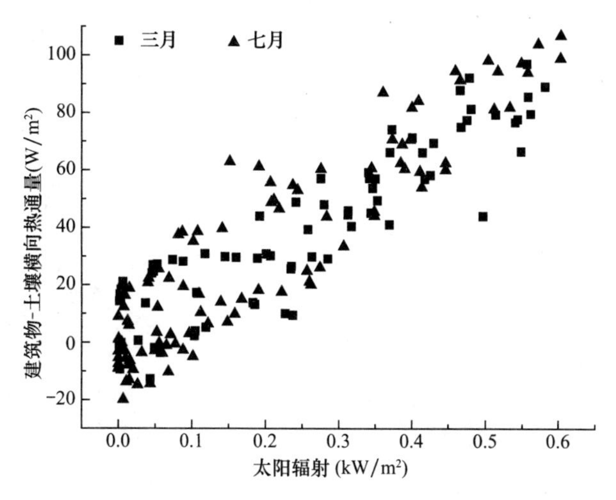

图 10-2 建筑物-土壤横向热通量与太阳辐射强度散点图（春季与夏季）

图片来源：本书作者自绘。

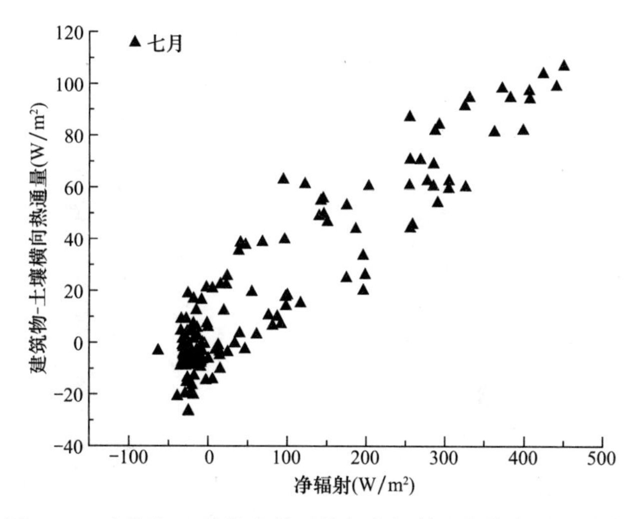

图 10-3 建筑物-土壤横向热通量与净辐射强度散点图（夏季）

图片来源：本书作者自绘。

2. 表层土壤温度与湿度

表层土壤温度的变化具有一定的规律性：表层土壤在接收到太阳辐射之后迅速升温，并在中午时段达到最大值，从午后至次日日出时段的前后，表层土壤温度则持续降低。因此，春季和夏季建筑物-土壤横向热通量与表层土壤温度之间存在着极其显著的正相关性（$P<0.01$，如图 10-4 所示）；相关系数分别为 0.702 及 0.873。

当作者将春季和夏季这两个季节的数据一起进行分析时，依然发现表层土壤温度与建筑物-土壤横向热通量之间存在着极其显著的正相关关系（$P<0.01$），但是相关系数仅为 0.298。

在降水为零的前提条件下，表层土壤湿度的日变化规律为白天降低，夜间升高。在春季，作者发现建筑物-土壤横向热通量与表层土壤湿度之间存在着极其显著的相关关系

（$P<0.01$），相关系数为 0.602（图 10-5）。但在夏季作者却并未发现类似的情况，建筑物-土壤横向热通量与表层土壤湿度间并不存在显著的相关关系（$P>0.05$）。

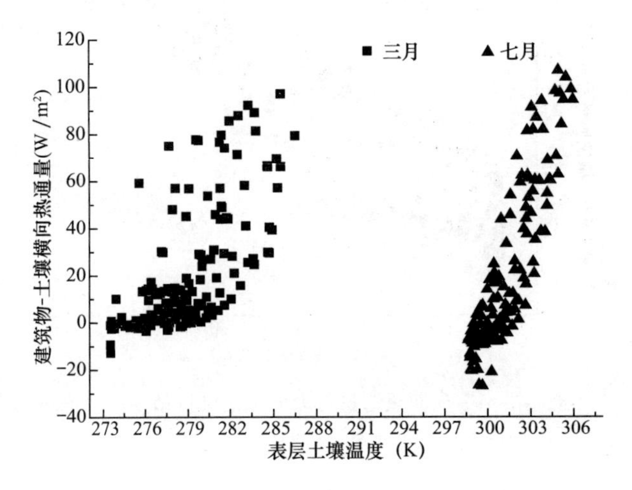

图 10-4　建筑物-土壤横向热通量与土壤温度散点图（春季和夏季）

图片来源：本书作者自绘。

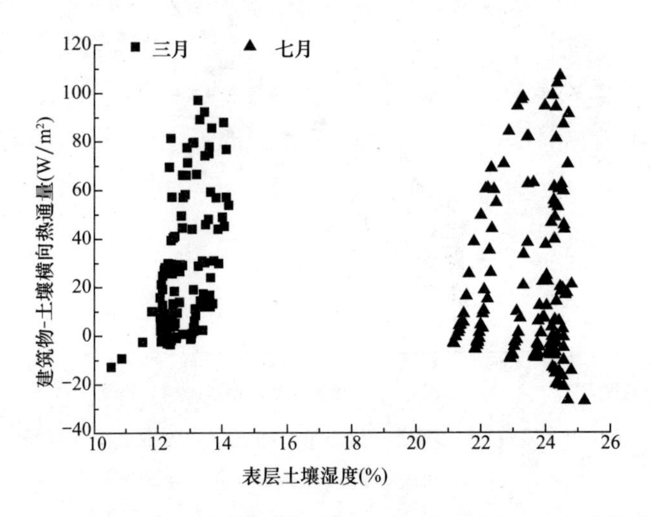

图 10-5　建筑物-土壤横向热通量与表层土壤湿度散点图（春季与夏季）

图片来源：本书作者自绘。

当作者将春季和夏季这两个季节的数据一起进行分析时，并未发现建筑物-土壤横向热通量与表层土壤湿度之间存在着显著的相关关系（$P>0.05$）。

3. 气温与相对湿度

接近地面的气温与土壤温度具有相似的变化模式，即在日出之后气温升高，到中午达到最大值，之后持续下降直至次日日出。建筑物-土壤横向热通量与气温的相关关系如图 10-6 所示。

无论在春季或者在夏季，建筑物-土壤横向热通量与气温之间一直存在极显著的正相关性（$P<0.01$），春季和夏季的相关系数分别为 0.465 和 0.911。

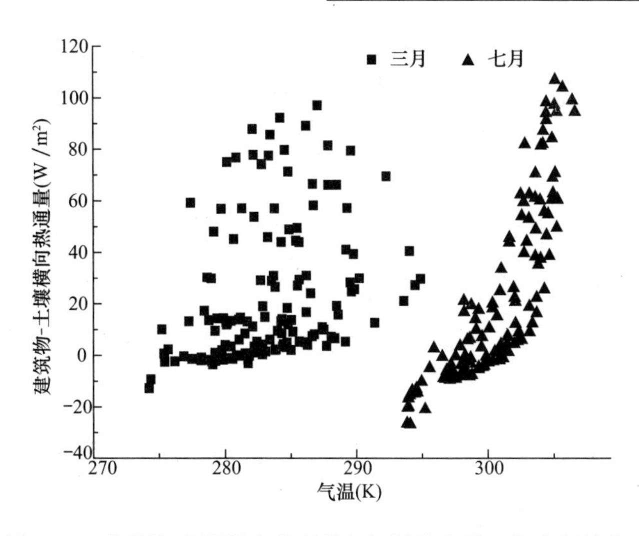

图 10-6　建筑物-土壤横向热通量与气温散点图（春季和夏季）

图片来源：本书作者自绘。

虽然分析结果均表明建筑物-土壤横向热通量与气温之间在季节尺度上也具有极显著的相关性（$P<0.01$），但是相关系数仅为 0.194，分别为春季和夏季相关系数的 41.72％和 21.30％。

相对湿度的变化规律与气温相反，日出之后开始降低，中午时段达到最低，之后开始升高直至次日日出。如图 10-7 所示，在昼夜尺度上，建筑物-土壤横向热通量与相对湿度之间存在极为显著的负相关关系（$P<0.01$），春季和夏季的相关系数分别为－0.390 和－0.867。

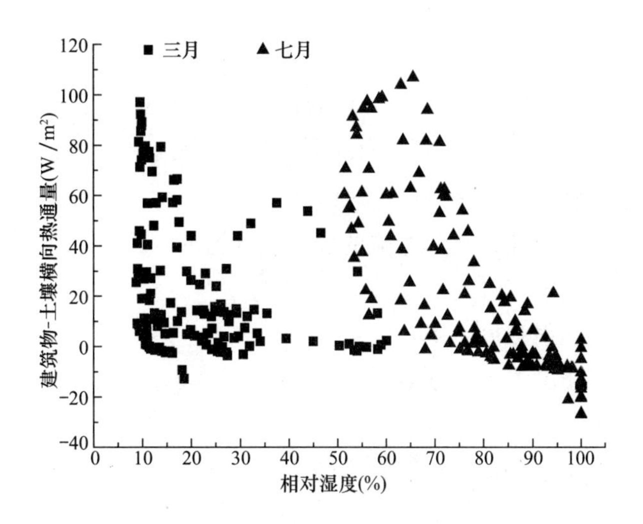

图 10-7　建筑物-土壤横向热通量与相对湿度散点图（春季和夏季）

图片来源：本书作者自绘。

与气温的实践研究结果相似，相对湿度在昼夜尺度以及季节尺度上均与建筑物-土壤横向热通量呈现极为显著的负相关的关系（$P<0.01$），其相关系数为－0.487。

4. 逐步回归结果

由于在春季的季节缺少净辐射仪器的采集的数据，因此，本部分的实践仅有夏季的采集数据用于进行逐步回归分析。建筑物-土壤横向热通量作为因变量，其他气象因子作为自变量。F 值显著性设定区间为 0.05～0.10，表明如果一个因子的 F 值显著性小于或者等于 0.05，那么，该因子将会被纳入到回归公式；与之相反的，如果一个因子的 F 值的显著性大于 0.10，则该因子将被排除。经过逐步回归分析，净辐射被排除在回归公式之外，而上述其他气象因子则被纳入回归公式。F 值为 895.802，且显著性水平为 0.0000。因此，该回归公式的相关性极为显著。

逐步回归分析的结果在表 10-1 中展示，其中，非标准化系数 B 是回归模型中每个参数的倍增因数；而标准化系数 β 则可以指示各个参数的相对重要性，即 β 的绝对值越高，其相对的重要性则越大；显著性数值表示的是统计结果的显著性。

逐步回归结果 **表 10-1**

	非标准化系数		标准化系数	
	B	标准误差	β	显著性
常数	−210.707	33.695		0.000
土壤温度	4.548	0.777	0.254	0.000
相对湿度	−0.213	0.103	−0.094	0.040
太阳辐射	109.907	4.990	0.563	0.000
土壤湿度	2.507	0.591	0.080	0.000
气温	1.697	0.626	0.167	0.008

表格来源：本书作者自绘。

基于上述结果，回归公式可以表达为公式（10-1）：

$$HHF_0 = 4.548T_S - 0.213RH + 109.907SR + 2.507M_S + 1.697(T_A - 273.15) - 210.707 \tag{10-1}$$

式中 HHF_0——建筑物-土壤的横向热通量（W/m^2）；

T_S——不受城市建筑物热影响的表层土壤温度（K）；

RH——相对湿度（%）；

SR——太阳辐射强度（kW/m^2）；

M_S——表层土壤湿度（%）；

T_A——气温（K）。

此外，标准化系数 β 能够用来计算各个气象因子的相对重要性，计算方法如公式（10-2）所示：

$$RI_i = \frac{|\beta_i|}{\sum_{i=1}^{n}|\beta_i|} \tag{10-2}$$

式中 RI_i——第 i 个气象因子的相对重要性。

所有已观测的气象因子的相对重要性如图 10-8 所示。

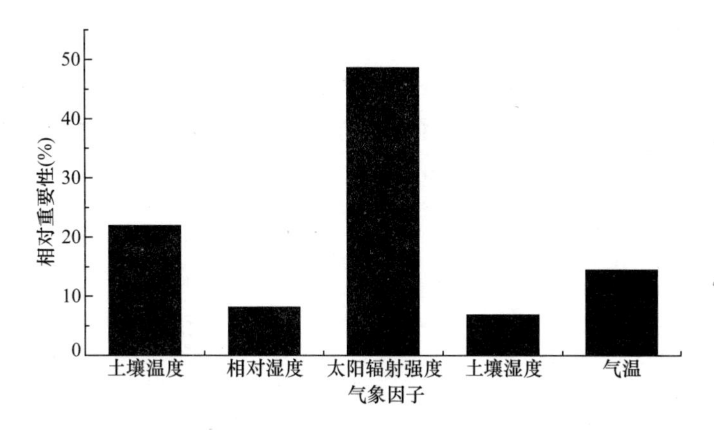

图 10-8 气象因子的相对重要性

图片来源：本书作者自绘。

各个气象因子的相对重要性按照降序排列的顺序是：太阳辐射强度为 48.63%，土壤温度为 21.94%，气温为 14.44%，相对湿度为 8.12%，土壤湿度为 6.87%。

三、建筑物-土壤横向热通量与表层土壤温度差异的拟合

本书所采用的土壤热通量板与普通的热通量板不同，具有自动校正功能，能够将不具有自动校正功能、精度为－15%～＋5%的普通热通量板的精度提升至±5%，是目前国际上精度最高的。但是，这种热通量板只能够依赖于自动气象站的数据采集器才能使用，当连接至便携式数据采集器时，其自动校正功能失效，精度又降至原来的－15%～＋5%。移动困难的自动观测气象站阻碍了对建筑物不同侧面的建筑物-土壤横向热通量的观测，因此，需要找出一种替代的方法来确定建筑物不同外墙产生的建筑物-土壤横向热通量。

土壤热通量的产生是土壤温度差异的直接结果。因此，作者将利用这一原理对土壤温度差异与建筑物-土壤横向热通量的统计学关系，以及所得到的回归公式，来预测建筑物-土壤横向热通量。观测期间的天气条件与土壤情况见表 10-2。

观测期间天气与土壤条件 **表 10-2**

采样	平均风速 (m/s)	平均净辐射 (W/m^2)	最低气温 (K)	最高气温 (K)	最低土壤湿度 (%)	最高土壤湿度 (%)	太阳辐射总和 (kJ/m^2)	日降水量 (mm)
1	0.39	140.96	297.72	308.79	9	31	18785.4	0.00
2	0.44	73.22	293.78	305.41	25	28	19240.2	7.37
3	0.26	－1.10	294.2	299.7	26	28	11312.4	1.27
4	0.26	55.91	296.56	303.74	25	28	4059	0.00
5	0.35	118.98	296.43	307	23	28	8329.8	0.00
6	0.38	120.16	297.78	305.72	18	27	16194	0.00
7	0.39	75.17	297.98	305.76	17	26	16734	0.00
验证	0.35	124.15	297.14	308.13	9	17	10419	0.00

表格来源：本书作者自绘。

Spearman 相关性分析结果表明，建筑物-土壤横向热通量与表层土壤温度差异（T_0 减去

T_5）之间存在着极显著的正相关性（$P<0.01$），二者之间的线性回归公式为公式（10-3）：

$$HHF_0 = 31.77\Delta T + 8.11 \tag{10-3}$$

该公式的 SSE 值为 1.958e+04，且 $RMSE$ 值为 4.96，表明公式的拟合度与精度足够高来估算建筑物-土壤横向热通量，如图 10-9 所示。

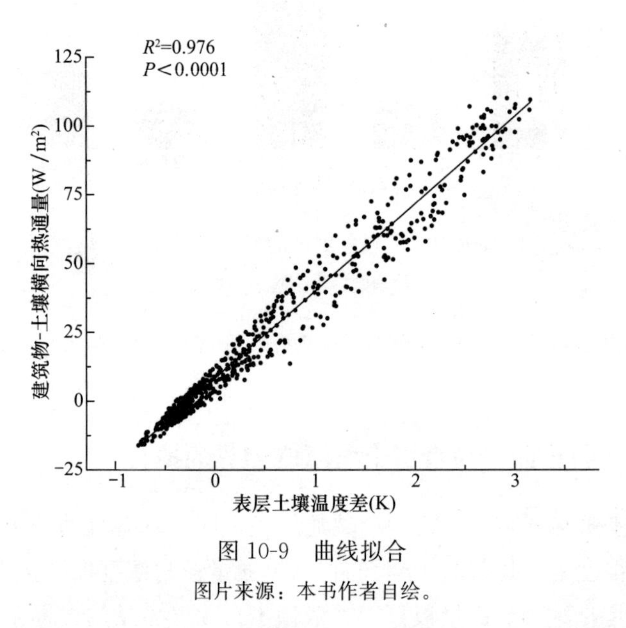

图 10-9　曲线拟合

图片来源：本书作者自绘。

作者利用单日数据对公式（10-3）进行验证，模拟结果与实测结果如图 10-10 所示。总体而言，模拟结果略低于实测结果。但是，当作者采用 T 检验将模拟结果与实测结果进行比较时，其结果表明模拟结果与实测结果没有统计学上的显著差异（$P>0.05$）。

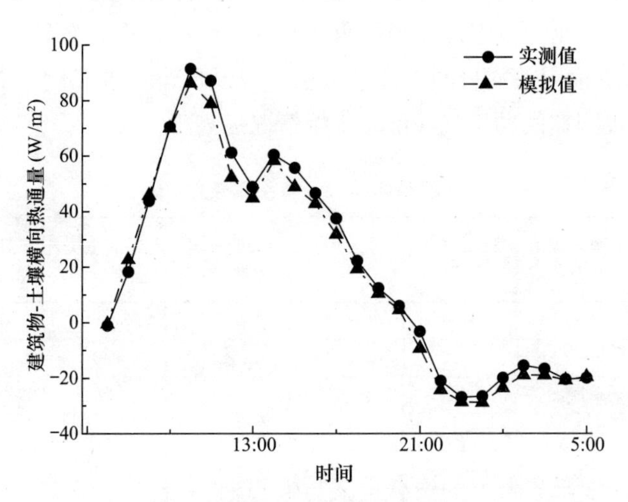

图 10-10　建筑物-土壤横向热通量的模拟值与实测值的比较

图片来源：本书作者自绘。

基于上述的实践数据与分析结果，所得到的公式（10-3）已经足够精确用于估算建筑物-土壤横向热通量。根据本书第七章所得到的实验观察结果，可以知道城市建筑物的四个侧面的外墙在不同季节 T_0 与 T_5 之间差异的最大值、最小值以及平均值，并且可以估算出相应的建筑物-土壤横向热通量的大小。

第三节 讨论

一、太阳辐射与净辐射

太阳辐射是地球上最为重要的能量来源（并非唯一的能量来源），主宰着地球的气候。因此，在城市中任何可以影响太阳辐射的因素都能够改变城市微气候与微气象条件。这些因素可能还会影响表层土壤和建筑物的表面温度，并且导致建筑物-土壤横向热通量的改变。太阳辐射在建筑物能量损耗方面起着重要的作用。大多数的研究均聚焦于建筑物通过外墙到大气的热损耗或者是土壤热通量的垂直流动等方面。与之相反的，学术界很少有关于土壤的研究来关注建筑物-土壤横向热通量。土壤垂直热通量与太阳辐射之间具有显著的正相关性。在本章实践中，作者得到了类似的实验结果，即建筑物-土壤横向热通量与太阳辐射之间存在着显著的正相关性。

与太阳辐射相似，土壤垂直热通量与净辐射的日变化趋势相似，且二者之间亦存在着极为显著的正相关性。虽然本章研究的是建筑物-土壤横向热通量，但是作者仍然通过统计学的方法得到了建筑物-土壤横向热通量与净辐射之间的极其显著的正相关性（$P<0.01$）。

二、土壤温度与湿度

土壤垂直热通量是土壤温度变化的主要原因，特别是在地表以下；同时，土壤垂直热通量也是土壤能量的最重要来源。土壤温度主要是由土壤垂直热通量驱动的，并且，土壤温度与土壤垂直热通量之间存在着显著的正相关性。此外，土壤温度的变化可以用于估算土壤的垂直热通量。在本章实践中，建筑物-土壤横向热通量在昼夜尺度及季节尺度上均与土壤温度相关。这两种时间尺度上的不同，主要表现在相关系数上，土壤温度用于估算土壤垂直热通量，说明土壤温度是决定土壤垂直热通量的重要因素。本章的研究也证明了土壤温度对建筑物-土壤横向热通量的重要性：土壤温度与建筑物-土壤横向热通量之间在昼夜尺度上具有显著的相关性（$P<0.01$）。

大量的研究结果都表明，土壤温度和土壤湿度可以用于估算土壤垂直热通量，这表明，土壤湿度在一定程度上影响土壤的垂直热通量。根据 Idso 的研究结果，土壤的垂直热通量与净辐射在单一月份内呈现出显著的相关性，并且二者的相关系数逐月变化；与此同时，相应地土壤湿度也逐月变化。这些现象都说明，土壤湿度通过影响土壤热力学属性进而影响到土壤的垂直热通量与净辐射的相关系数。在本章的实践研究中，土壤湿度在春季和夏季截然不同，而建筑物-土壤横向热通量与土壤湿度的显著相关性仅在春季存在，说明土壤湿度并不是建筑物-土壤横向热通量的首要影响因子。

三、气温与相对湿度

在昼夜尺度上，气温与相对湿度之间存在着负相关的关系，并且，二者的变化趋势截然相反。因此，气温和相对湿度二者与建筑物-土壤横向热通量的相关性大有不同。不管气温或者相对湿度的数值在春季和夏季如何改变，建筑物-土壤横向热通量与气温或者相对湿度的相关系数在季节尺度上总是要小于昼夜尺度上的数值。这些实践结果表明，气温和相对湿度并非建筑物-土壤横向热通量的主导因子。

四、建筑物-土壤横向热通量拟合

前人的研究已经说明土壤垂直热通量与净辐射或者太阳辐射具有显著的相关性；与之相似，本研究发现建筑物-土壤横向热通量与净辐射及太阳辐射均有显著的相关性且拟合度较高（$P<0.01$，如图 10-11 所示）。

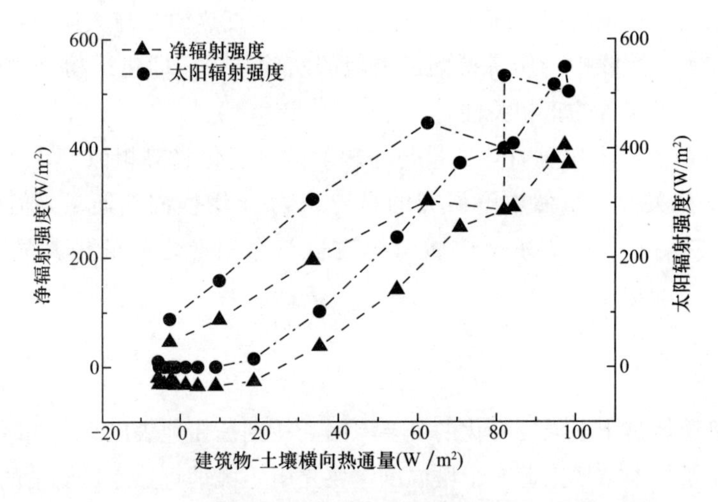

图 10-11　单日建筑物-土壤横向热通量与太阳/净辐射强度

图片来源：本书作者自绘。

然而，建筑物-土壤横向热通量与净辐射或者太阳辐射强度的线性回归结果并不够精确，R^2 值分别为 0.915 和 0.921。因此，在所能获取到的数据中仅有 T_0 与 T_5 之间的温度差异对于拟合建筑物-土壤横向热通量才足够精确。

本章小结

（1）建筑物-土壤横向热通量的日变化规律得以揭示，并且作者对其与气象因子之间的相关性进行了研究和统计学分析。结果表明，建筑物-土壤横向热通量与大多数观测的气象因子具有显著的相关性（$P<0.01$）。基于统计学的结果，太阳辐射强度与建筑物-土

壤横向热通量之间存在着显著的相关性，春季和夏季的相关系数分别为0.893和0.869，并且在季节尺度上二者之间的相关系数为0.874。太阳辐射的相对重要性为48.63%，在所有观测的气象因子中最高，这表明，太阳辐射对于建筑物-土壤横向热通量的影响最大。土壤的相对重要性为21.94%，仅次于太阳辐射的重要性。其他的气象因子都是协变因子，并且间接影响着建筑物-土壤横向热通量。

（2）建筑物-土壤横向热通量与构筑物-土壤微梯度样带上 T_0 与 T_5 之间的温度差最适用于估算建筑物-土壤的横向热通量，这与以往学者研究土壤垂直热通量可以用不同层次土壤温度来估算的说法一致。在本书实践中，土壤温度与土壤湿度的变化较大，而拟合公式的 R^2 值仍为0.976，说明土壤温度与土壤湿度对于土壤热力学性质的改变不足以影响土壤热通量的估算，可以直接用于估算建筑物四侧外墙的建筑物-土壤横向热通量。

第十一章　建筑物对不同深度毗邻土壤的热影响

第一节　实验设计

一、样地选址

本章实践采样地点位于北京市海淀区，具体坐标为东经116.3374°，北纬40.0077°。该区域内的土壤质地为壤土，地表覆被为高度约为0.10m的草坪，覆盖均匀。所选样地中无大型乔木，实验布点地址远离小型乔木和灌木。小型乔木和灌木对监测样点的日照时间不产生影响。

二、数据获取

土壤数据获取采用数据采集器和土壤温度传感器相结合的方式，采样间隔为30s，记录间隔为1min，每个传感器的数据以每10min求得一次平均值，每小时获得样本6个。气象站数据采集方式为：每30s采样一次，每10min记录一次，每小时获得样本数量为6个。

三、布点方法

采用土壤温度和土壤湿度传感器来探测不同深度的土壤温度和湿度，包括表层土壤、0.05m、0.10m、0.20m和0.30m，具体位置选在建筑物的南侧，比较近建筑物（建筑基线）以及远建筑物（距离建筑物基线10m）处，相对应深度的土壤温度以及土壤湿度，样地选址与传感器安置如图11-1所示。

实验分别在冬季、春季和秋季三个季节实施，每个季节进行连续的观测，观测期间的基本气象指标详见表11-1。

此外，根据本书作者的实验方法，建筑物对于表层土壤温度的影响具有均一性，包括土壤温度以及土壤温度差异，可以推断在较深的深度上，建筑物对土壤温度的影响仍然具有均一性。因此，本章实践部分采用了与前文方法类似的方式进行近建筑物观测点和远建筑物观测点的温度对比。

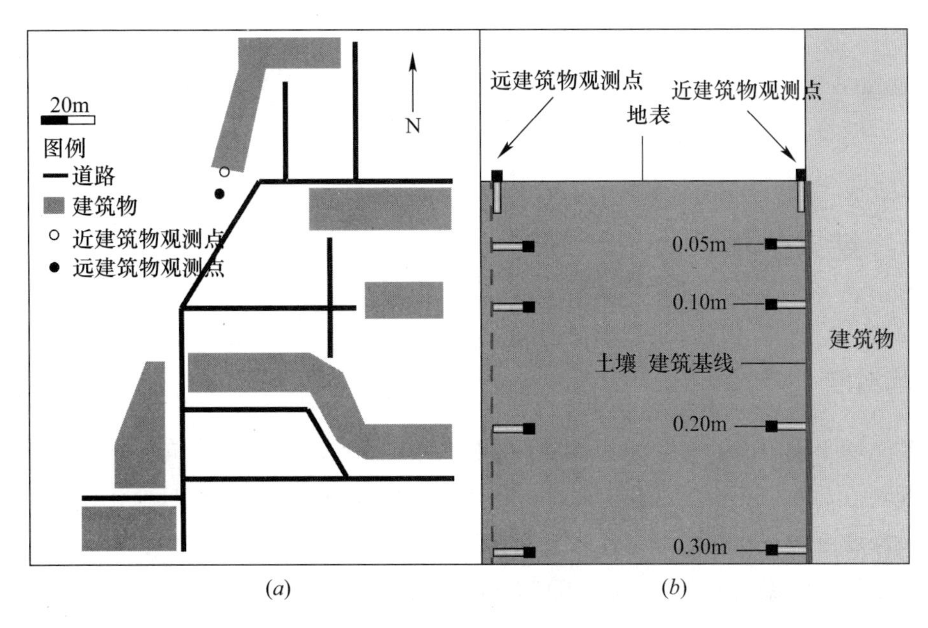

图 11-1　样地选址与传感器安置

(a) 样地选址；(b) 传感器安置

图片来源：本书作者自绘。

观测期间天气状况　　　　**表 11-1**

季节	冬			春			夏		
Value	Min	Max	Mean	Min	Max	Mean	Min	Max	Mean
T_A (K)	262.65	284.65	272.13	277.45	303.25	288.55	294.65	308.25	301.77
RH (%)	7.00	93.00	46.53	4.00	93.00	39.05	28.00	93.00	60.68

注：T_A 表示气温，RH 表示相对湿度。

表格来源：本书作者自绘。

四、统计方法

本章所采用的统计方法包括样本平均值、独立样本 T 检验，以及变异系数、Spearman 相关性分析等。

样本平均值即将每个季节内，按照日均 24h 进行平均值的计算，以便获得该季节内 24h 的不同时刻的平均值，用以进行近建筑物观测点与远建筑物观测点不同深度土壤温度日变化规律的研究与对比。

独立样本 T 检验是将观测期间内的每一个传感器在每天的每一个小时内所获得的数据进行独立样本 T 检验（该方法主要用于检验两个样本是否来自具有相同均值的总体），以期获得近建筑物观测点以及远建筑物观测点在每小时内是否具有统计学上差异性的结果，置信区间取 0.05。

变异系数是统计学中常用的一种方法，其算法是每组样本的标准差除以每组样本的平均值。

Spearman 相关性分析是用以研究变量之间相关性的一种方法，在样本总数小于 2000 时适用，同时样本自身不成正态分布时使用该方法最为有效。

第二节　结果分析

一、平均温度

冬季土壤平均温度的日变化规律如图 11-2 所示，无论是在近建筑物观测点还是在远建筑物观测点，并且无论深度如何变化，土壤温度始终呈现波动性的日变化规律。作者比较了同一深度近建筑物观测点与远建筑物观测点的土壤温度差异，结果表明：位于同一深度并且处于相同时点的前提下，近建筑物观测点的土壤温度始终高于远建筑物观测点的土壤温度。

春季土壤平均温度的日变化规律与冬季相似，如图 11-2（*d*）和图 11-2（*e*）所示，在近建筑物观测点和远建筑物观测点的不同深度土壤温度始终呈现波动性的日变化规律。作者比较了同一深度近建筑物观测点与远建筑物观测点的土壤温度差异，结果表明：除了表层土壤在 10：00 和 11：00 这两个时点之外，在同一时点位于同一深度的近建筑物观测点土壤温度始终高于远建筑物观测点的土壤温度。

如图 11-2（*g*）和图 11-2（*h*）所示，夏季土壤的平均温度日变化规律与冬季和春季类似。在数值上，表层土壤温度中，近建筑物观测点在 13：00～16：00 时低于远建筑物观测点，其他时段的情况则相反；在距离地面 0.05m 深处，近建筑物观测点的土壤温度在 9：00～15：00 时低于远建筑物观测点，在其他时段的情况则相反；在 0.10m 的深处，近建筑物观测点的土壤温度在 12：00～18：00 时低于远建筑物观测点，其他的时段情况则相反；0.20m 深度的土壤温度中，近建筑物观测点在13：00～17：00 时低于远建筑物观测点，其他时段的情况则相反；0.30m 深度的土壤温度中，近建筑物观测点在 13：00～15：00 时低于远建筑物观测点，其他时段的情况则相反。

图 11-2（*c*）表明冬季近建筑物观测点与远建筑物观测点的土壤温度差异。与土壤温度的日变化规律类似，不同深度的土壤温度差异的日变化仍然为波动型的曲线。不同深度的土壤温度差异见表 11-2，其中，土壤温度差异最大点的深度为 0.05m，时点为 14：00，土壤温度的差异为 9.79K，土壤温度差异最小点为土壤表层，时点为 9：00，土壤温度的差异为 0.91K。图 11-2（*f*）表明春季近建筑物观测点与远建筑物观测点的两个采样点在不同深度上的土壤温度差异，其中，土壤温度差异最大点深度为 0.05m，时点为 15：00，土壤温度差异为 6.62K，土壤温度差异最小点为土壤表层，时点为 11：00，土壤温度差异为－0.41K。在夏季，近建筑物观测点与远建筑物观测点的

土壤温度差异最高值和最低值均发生在 0.10m 深处。如图 11-2（i）所示，最大值出现在 7：00，土壤温度差异为 0.81K，最小值出现在 14：00，土壤温度差异为－0.69K。

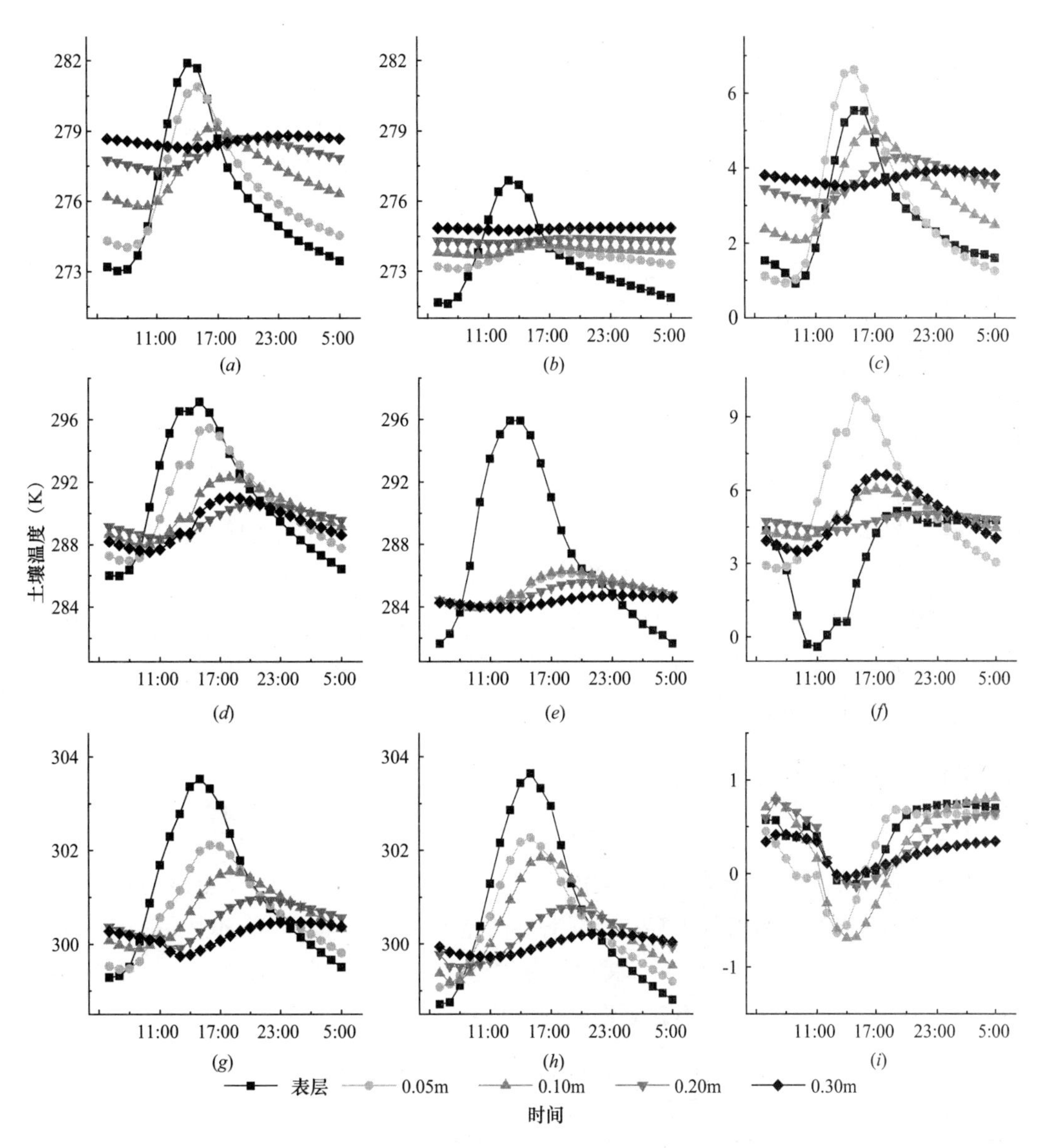

图 11-2　近远建筑物观测点不同深度平均土壤温度与温度差异日变化

（a）冬季近建筑物观测点；（b）冬季远建筑物观测点；（c）冬季近-远建筑物土壤温度差异；（d）春季近建筑物观测点；（e）春季远建筑物观测点；（f）春季近-远建筑物土壤温度差异；（g）夏季近建筑物观测点；（h）夏季远建筑物观测点；（i）夏季近-远建筑物土壤温度差异

图片来源：本书作者自绘。

表 11-2 展示了冬季、春季和夏季这三个季节条件下，不同深度的近建筑物观测点以及远建筑物观测点之间的土壤温度的差异，包括最大值、最小值和平均值。

不同季节近远建筑物观测点不同深度土壤温度差异的最大值、最小值和平均值　表 11-2

季节	深度（m）	0	0.05	0.1	0.2	0.3
冬	ΔT_{max}（K）	5.54	6.62	4.99	4.29	3.93
	ΔT_{min}（K）	0.91	0.93	2.08	3.09	3.52
	ΔT_{mean}（K）	2.68	2.97	3.33	3.69	3.74
春	ΔT_{max}（K）	5.15	9.79	6.06	5.02	6.64
	ΔT_{min}（K）	−0.41	2.80	4.07	4.34	3.51
	ΔT_{mean}（K）	3.33	5.52	4.97	4.73	4.94
夏	ΔT_{max}（K）	0.74	0.68	0.81	0.78	0.41
	ΔT_{min}（K）	−0.11	−0.64	−0.69	−0.14	−0.04
	ΔT_{mean}（K）	0.44	0.29	0.28	0.35	0.22

注：ΔT_{max}为最大土壤温度差异；ΔT_{min}为最小土壤温度差异；ΔT_{mean}为平均土壤温度差异。
表格来源：本书作者自绘。

冬季不同深度的平均土壤温度差异分别是：表层土壤温度为 2.68K；0.05m 处的土壤温度为 2.97K；0.10m 处的土壤温度为 3.33K；0.20m 处的土壤温度为 3.69K；以及 0.30m 处的土壤温度为 3.74K。土壤温度变化的趋势为：随着深度的增加，土壤温度的差异逐渐加剧。春季中，在表层、深度为 0.05m、0.10m、0.20m 以及 0.30m 处的土壤平均温度差异分别为 3.33K、5.52K、4.97K、4.73K 以及 4.94K；没有明显的变化趋势。按照上述深度的顺序，夏季平均土壤温度差异分别为 0.44K、0.29K、0.28K、0.35K 以及 0.22K；其基本趋势为：随着深度的增加，土壤温度差异逐渐降低。将采样的 5 个深度的土壤温度差异求得平均值，得出冬季、春季和夏季三个季节条件下的土壤温度差异分别为 3.282K、4.698K 和 0.316K。

二、单日土壤温度差异

作者在单日尺度上使用 T 检验的方法，对观测期内每小时的数据进行分析，结果表明：冬季、春季和夏季三个季节在不同深度上，近建筑物观测点的土壤温度与远建筑物观测点的土壤温度在大多数时间上存在有显著性的差异（$P<0.05$），仅有少量时间不存在显著性的差异（$P>0.05$）。表 11-3 所展示的是不同深度上，近建筑物观测点与远建筑物观测点土壤温度数据对比后不具有显著性差异的百分比。

近远建筑物观测点不同深度土壤温度无显著性差异概率　表 11-3

深度（m）	SL	0.05	0.10	0.20	0.30
冬	2.78%	1.19%	0.00%	0.00%	0.00%
春	11.76%	0.00%	0.00%	0.00%	0.00%
夏	18.33%	9.58%	8.75%	5.42%	5.00%

表格来源：本书作者自绘。

在冬季，仅有表层以及深度为 0.05m 处的土壤温度分别出现 2.78%和 1.19%的无显著性差异情况，而其他的深度则未出现无显著性差异的情况；春季则仅有表层土壤温度出现 11.76%的无显著差异情况，其他的深度均未出现无显著性差异的情况；夏季情况与冬季和春季均不相同，在所进行监测的每个层次上均出现无显著性差异的情况，其中，表层、深度为 0.05m、0.10m、0.20m 和 0.30m 处的百分比分别为 18.33%、9.58%、

8.75%、5.42%和5.00%。除此之外，冬季、春季和夏季三个季节的统计结果均表明，表层土壤出现无显著性差异的情况比深层次土壤更多。

土壤温度无显著性差异的情况出现具有一定的规律性。

（1）在冬季，表层土壤无显著性差异的情况主要集中在9：00～13：00的时间段内出现，以9：00的时刻和10：00的时刻出现的频率最高，占据这一层次无显著性差异情况总数的78.57%；0.05m深处的无显著性差异情况主要集中在5：00～8：00的时间段内，以5：00的时刻出现的频率最高，占据这一层次无显著性差异情况总数的28.57%。

（2）在春季，仅有表层土壤出现显著性差异的情况，并且主要集中在9：00～15：00的时间段内出现，其中，9：00～12：00的时间段出现的频率最高，占据总数的77.08%。

（3）夏季的情况与冬季和春季相比较为复杂，在表层，无显著性差异的情况在全天中19个时刻均有出现，主要集中在7：00～12：00的时间段内，占据这一层次总数的59.09%；在0.05m深处，无显著性差异的情况在全天中的15个时刻出现，且分布比较平均，其中，10：00时刻出现的频率最高，为13.04%；在0.10m深处无显著性差异的情况同样在15个时刻出现，主要集中在9：00～11：00的时间段内出现，占据这一层总数的38.10%；0.20m深处的土壤无显著性差异情况主要集中在午夜至凌晨时段以及中午前后，其中，12：00时刻和13：00时刻的出现比率最高，占据这一层次总数的30.77%；0.30m深处的无显著性差异情况主要集中在日出至日落时段期间，在7：00～8：00的时间段出现的频率最高，占据这一层次总数的33.33%。

三、土壤温度最大值和最小值的分布频率

1. 土壤温度最大值分布频率

在采样期间内，对位于近建筑物观测点和远建筑物观测点处的不同深度的土壤温度进行统计，得到近远两处观测点土壤温度在不同季节内最高温度所出现时刻的分布频率，如图11-3所示。

在冬季，近建筑物观测点和远建筑物观测点的不同深度土壤温度的最高值出现的时间具有一定的差异性。

（1）表层土壤温度的最高值在近建筑物观测点处出现在13：00～15：00的时间段之内，占据了全天总数的100%，其中，14：00的时刻占据了总数的71.43%；而远建筑物观测点处的表层土壤温度的最高值出现在11：00～15：00的时间段之内，同样也是占据了全天总数的100%，其中，13：00的时刻占据了全天总数的47.62%。

（2）近建筑物观测点0.05m深处的土壤温度的最高值在14：00～15：00的时间段之内集中出现，占据了全天总数的95.24%，其中，15：00的时刻占据了总数的66.67%；而远建筑物观测点0.05m深处的土壤温度的最高值在15：00～16：00的时间段之内集中出现，占据了全天总数的52.38%，其中，15：00的时刻占据了总数的33.33%。

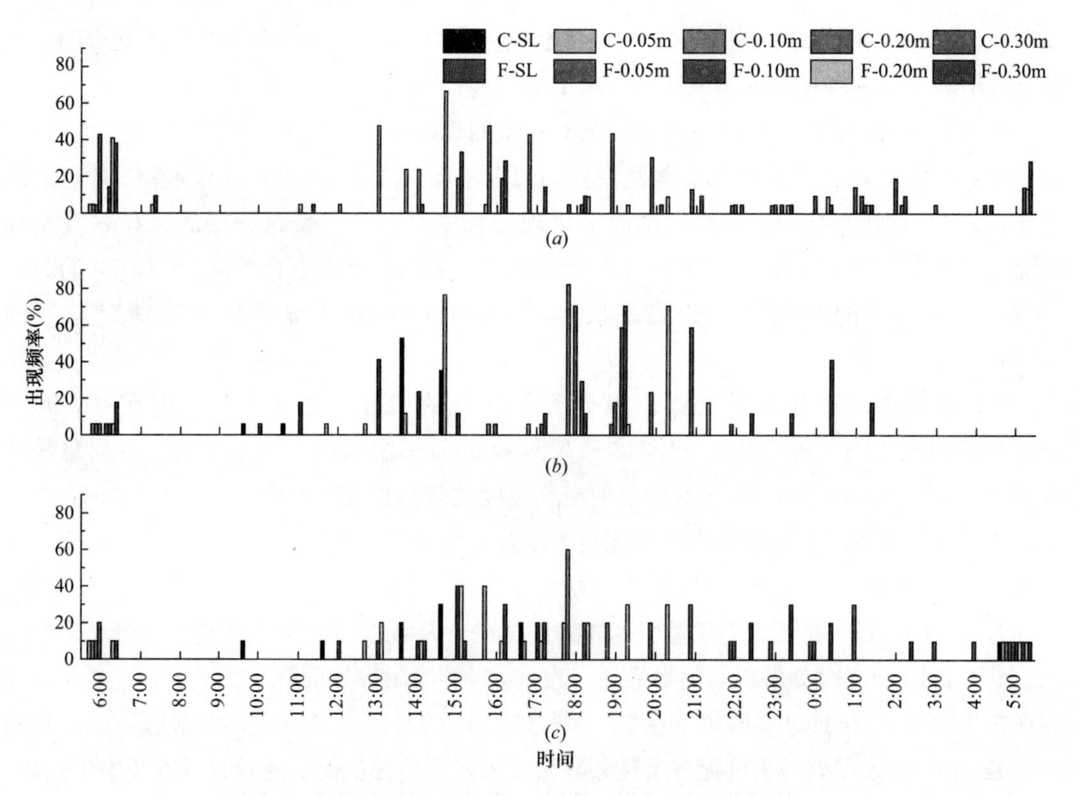

图 11-3　近远建筑物观测点土壤温度最大值出现频率分布

(a) 冬季；(b) 春季；(c) 夏季

图片来源：本书作者自绘。

(3) 近建筑物观测点 0.10m 深处的土壤温度的最高值在 16：00～17：00 的时间段之内集中出现，占据了全天总数的 90.48%，其中，16：00 的时刻占据了总数的 47.62%；而远建筑物观测点 0.10m 深处的土壤温度的最高值在 16：00～17：00 时间段之内集中出现，占据了全天总数的 42.86%，其中，16：00 的时刻占据了总数的 28.57%。

(4) 近建筑物观测点 0.20m 深度的土壤温度的最高值在 19：00～21：00 的时间段之内集中出现，占据了全天总数的 86.96%，其中，19：00 的时刻占据了总数的 43.48%；而远建筑物观测点 0.20m 深度的土壤温度的最高值在 5：00～6：00 的时间段之内集中出现，占据了全天总数的 54.55%，其中，6：00 的时刻占据了总数的 40.91%。

(5) 对于深度为 0.30m 的土壤而言，近建筑物观测点处的土壤温度的最高值在 1：00～6：00 的时间段之内集中出现，占据了全天总数的 80.95%，其中，6：00 的时刻占据了总数的 42.86%；而远建筑物观测点处的土壤温度的最高值在 5：00～6：00 的时间段之内集中出现，占据了全天总数的 66.67%，其中，6：00 的时刻占据了总数的 38.10%。

在春季，近建筑物观测点和远建筑物观测点的不同深度土壤温度的最高值出现的时间具有一定的差异性。

(1) 近建筑物观测点处的表层土壤温度的最高值出现在 14：00～15：00 的时间段之内，占据了全天总数的 88.24%，其中，14：00 的时刻占据了总数的 52.94%；而远建筑物观测点处的表层土壤温度的最高值则出现在13：00～14：00的时间段之内，同样也是占据了全天总数的64.71%，其中，13：00的时刻占据了总数的41.18%。

（2）近建筑物观测点0.05m深处的土壤温度的最高值在14：00～15：00的时间段之内集中出现，占据了全天总数的88.24%，其中，15：00的时段占据了总数的76.47%；而远建筑物观测点0.05m深处的土壤温度的最高值在18：00～19：00的时间段之内集中出现，占据了全天总数的88.248%，其中，19：00的时段占据了总数的58.82%。

（3）近建筑物观测点0.10m深处的土壤温度的最高值仅在18：00的时刻出现，占据了全天总数的82.35%；远建筑物观测点0.10m深处的土壤温度的最高值在17：00～19：00的时间段之内集中出现，占据了全天总数的94.12%，其中，19：00的时刻占据了总数的70.59%。

（4）近建筑物观测点0.20m深度的土壤温度的最高值在20：00～21：00的时间段之内集中出现，占据了全天总数的82.35%，其中，21：00的时段占据了总数的58.82%；而远建筑物观测点0.20m深度的土壤温度的最高值则在20：00～21：00的时间段之内集中出现，占据了全天总数的88.24%，其中，20：00的时段占据了总数的40.91%。

（5）对于深度为0.30m的土壤而言，近建筑物观测点处的土壤温度的最高值在18：00～19：00的时间段之内集中出现，占据了全天总数的88.24%，其中，18：00的时段占据了总数的70.59%；而远建筑物观测点处的土壤温度的最高值则是在22：00至次日1：00的时间段之内集中出现，占据了全天总数的82.35%，其中，0：00的时段占据了总数的41.18%。

在夏季，近建筑物观测点和远建筑物观测点的不同深度的土壤温度最大值的出现时间具有一定的差异性。

（1）表层土壤温度的最高值在近建筑物观测点处于14：00～15：00的时间段之内集中出现，占据了全天总数的50.00%，其中，15：00的时段占总数的30.00%；而远建筑物观测点处的表层土壤温度的最高值在15：00的时段出现，同样占据了全天总数的40.00%。

（2）近建筑物观测点0.05m深的土壤温度的最高值在16：00～18：00的时间段之内集中出现，占据了全天总数的70.00%，其中，16：00的时段占据了总数的40.00%；而远建筑物观测点0.05m深处的土壤温度的最大值在13：00～15：00的时间段之内集中出现，占据了全天总数的70.00%，其中，15：00的时段占据了总数的40.00%。

（3）近建筑物观测点0.10m深的土壤温度的最高值在18：00～19：00的时间段之内集中出现，占据了全天总数的80.00%，其中，18：00的时段占据了总数的60.00%；而远建筑物观测点0.10m深的土壤温度的最高值在16：00～18：00的时间段之内集中出现，占据了全天总数的70.00%，其中，16：00的时段占据了总数的30.00%。

（4）近建筑物观测点0.20m深度土壤温度的最高值在20：00～21：00的时间段之内集中出现，占据了全天总数的50.00%，其中，21：00的时段占据了总数的30.00%；而远建筑物观测点0.20m深度土壤温度的最高值在18：00～20：00的时间段之内集中出现，占据了全天总数的 80.00%，其中，19：00 的时段和 20：00 的时段各占据了总数的 30.00%。

（5）对于深度为 0.30m 的土壤而言，近建筑物观测点处的土壤温度的最高值在 1：00～6：00 的时间段之内集中出现，占据了全天总数的 90.00%，其中，1：00 的时段占据了总数的 30.00%；而远建筑物处的土壤温度的最高值在 22：00 至次日 0：00 的时间段之内出现，占据了全天总数的 70.00%，其中，23：00 的时段占据了总数的 30.00%。

2. 土壤温度最小值分布频率

近建筑物观测点和远建筑物观测点两处的土壤温度在不同季节内的最低温度所出现时刻的分布频率，如图 11-4 所示。

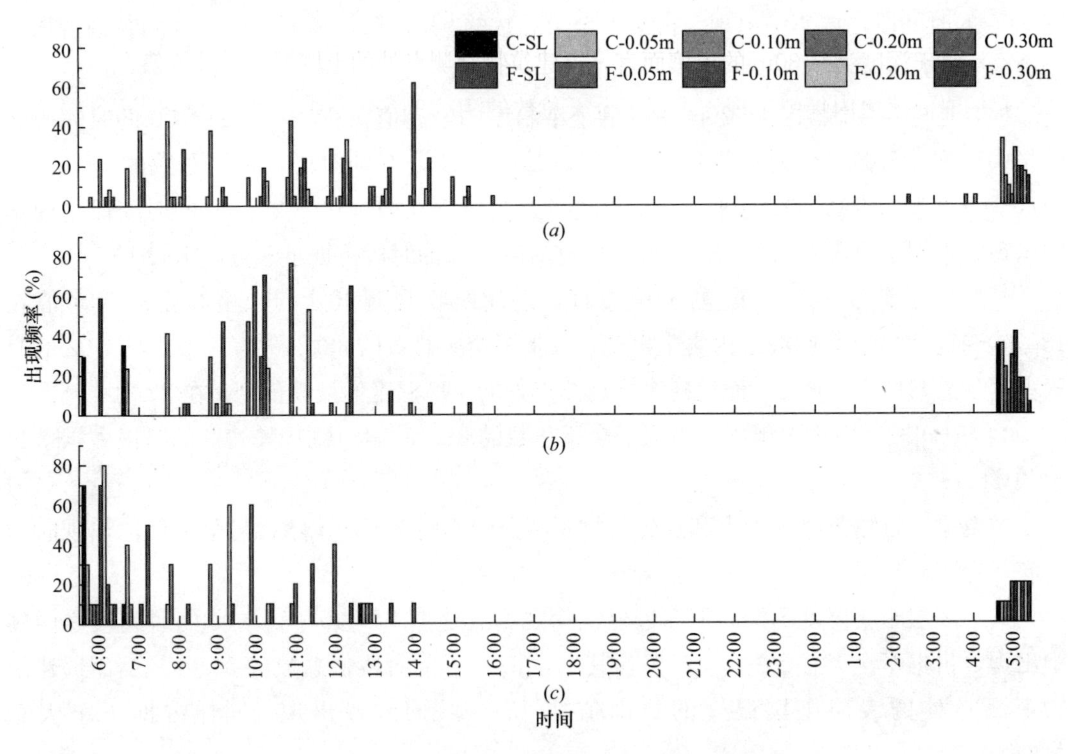

图 11-4　近远建筑物观测点土壤温度最小值出现频率分布

（a）冬季；（b）春季；（c）夏季

图片来源：本书作者自绘。

在冬季，近建筑物观测点和远建筑物观测点的不同深度土壤的最低温度出现时间也具有一定的差异性。

（1）表层土壤温度的最低值在近建筑物观测点处于 5：00～8：00 的时间段之间集中出现，占据了全天总数的 100.00%，其中，5：00 的时刻和 7：00 的时刻均占据总数的 38.10%；而远建筑物观测点处的表层土壤温度的最低值在 4：00～8：00 的时间段之间集中出现，同样占据了全天总数的 100.00%，其中，7：00 的时刻占据了总数的 38.10%。

（2）近建筑物观测点 0.05m 深处的土壤温度的最低值在 5：00～9：00 的时间段之间集中出现，占据了全天总数的 100.00%，其中，8：00 的时段占据了总数的 42.86%；而远建筑物观测点 0.05m 深处的土壤温度的最低值在 5：00～8：00 的时间段之间集中出现，占据了全天总数的 100.00%，其中，8：00 的时段占据了总数的 41.18%。

（3）0.10m 深处的土壤温度的最低值在近建筑物观测点处于 9：00～11：00 的时间段之间集中出现，占据了全天总数的 66.67%，其中，9：00 的时段占据了总数的 38.10%；而远建筑物观测点处的土壤温度的最低值在 10：00～12：00 的时间段之间集中出现，同样占据了全天总数的 66.67%，其中，11：00 的时段和 12：00 的时段均占据了总数的 23.81%。

（4）近建筑物观测点 0.20m 深度的土壤温度的最低值在 11：00～12：00 的时间段之间集中出现，占据了全天总数的 71.43%，其中，11：00 的时段占据了总数的 42.86%；而远建筑物观测点处的土壤温度的最低值则在 10：00～12：00 的时间段之内集中出现，占据了全天总数的 54.17%，其中，12：00 的时段占据了总数的 33.33%。

（5）对于深度为 0.30m 的土壤而言，近建筑物观测点处的土壤温度的最低值在14：00～15：00 的时间段之内集中出现，占据了全天总数的 76.19%，其中，14：00 的时段占据了总数的 61.90%；而远建筑物观测点处的土壤温度的最低值在 12：00～14：00 的时间段之内集中出现，占据了全天总数的 61.90%，其中，14：00 的时段占据了总数的 23.81%。

在春季，近建筑物观测点和远建筑物观测点的不同深度土壤温度的最低值的出现时间也具有一定的差异性。

（1）表层土壤温度的最低值在近建筑物观测点处于 5：00～7：00 的时间段之间集中出现，占据了全天总数的 100.00%，其中，5：00 的时段和 7：00 的时段均占据了总数的 38.10%；而远建筑物观测点处的表层土壤温度的最低值在 5：00～6：00 的时间段之间集中出现，同样占据了全天总数的 100.00%，其中，6：00 的时段占据了总数的 58.82%。

（2）近建筑物观测点 0.05m 深处的土壤温度的最低值在 5：00～8：00 的时间段之间集中出现，占据了全天总数的 100.00%，其中，8：00 的时段占总数的 41.18%；而远建筑物 0.05m 深处的土壤温度的最低值则在 9：00～10：00 的时间段之间集中出现，占据了全天总数的 76.47%，其中，9：00 的时段占据了总数的 47.06%。

（3）0.10m 深处的土壤温度的最低值在近建筑物观测点处于 9：00～10：00 的时间段之间集中出现，占据了全天总数的 76.47%，其中，9：00 的时段占据了总数的 38.10%；而远建筑物观测点处的土壤温度的最低值在 10：00 的时段出现，同样占据了全天总数的 70.59%。

（4）近建筑物观测点 0.20m 深度的土壤温度的最低值在 11：00 的时段出现，占据了全天总数的 76.47%；而远建筑物观测点 0.20m 深度的土壤温度的最低值则在 10：00～11：00 的时间段之间出现，占据了全天总数的 76.47%，其中，11：00 的时段占据了总数的 52.94%。

（5）对于深度为 0.30m 的土壤而言，近建筑物观测点处的土壤温度的最低值在 10：00 的时段出现，占据了全天总数的 64.71%；而远建筑物观测点处的土壤温度的最低值在 12：00～13：00 的时间段之间集中出现，占据了全天总数的 76.47%，其中，12：00 的时段占据了总数的 64.71%。

在夏季，近建筑物观测点和远建筑物观测点的不同深度土壤温度的最低值出现的时间也具有一定的差异性。

（1）表层土壤温度的最低值在近建筑物观测点处于6：00的时段出现，占据了全天总数的70.00%；而远建筑物观测点处的表层土壤温度的最低值在7：00的时段出现，同样占据了全天总数的70.00%。

（2）近建筑物观测点0.05m深处的土壤温度的最低值在6：00～7：00的时间段之间出现，占据了全天总数的70.00%，其中，7：00的时段占据了总数的40.00%；而远建筑物观测点0.05m深处的土壤温度的最低值在6：00的时段出现，占据了全天总数的80.00%。

（3）0.10m深处的土壤温度的最低值在近建筑物观测点处于8：00～9：00的时间段之间集中出现，占据了全天总数的60.00%，其中，8：00的时段和9：00的时段均占据了总数的30.00%；而远建筑物观测点处的土壤温度的最低值在10：00的时段出现，占据了全天总数的50.00%。

（4）近建筑物观测点0.20m深度的土壤温度的最低值在10：00的时段出现，占据了全天总数的60.00%；而远建筑物观测点0.20m深度的土壤温度的最低值则在9：00的时段出现，同样占据了全天总数的60.00%。

（5）对于深度为0.30m的土壤而言，近建筑物观测点处的土壤温度的最低值在11：00～12：00的时间段之间集中出现，占据了全天总数的60.00%，其中，12：00的时段占据了总数的40.00%；而远建筑物观测点处的土壤温度的最低值在11：00的时段出现，占据了全天总数的30.00%。

四、近建筑物点与远建筑物点不同深度的土壤温度变化

近建筑物观测点与远建筑物观测点不同深度的土壤温度其最大值、最小值、最大值和最小值之间的差值以及平均值等，见表11-4，土壤温度的最大值从土壤表层到深度0.30m处逐步降低；而土壤温度的最小值则从土壤表层深度0.30m处逐步增加。

在冬季，不同深度的土壤温度的最大值和最小值的差值为近建筑物观测点高于远建筑物观测点；在春季，除表层土壤以外，情况与冬季相似；而在夏季，除了0.30m深处以外，其余各个深度的土壤温度的最大值与最小值之间差异均为远建筑物观测点高于近建筑物观测点。

不同季节条件下近远建筑物观测点不同深度土壤温度最大值、最小值、差值和平均值　表11-4

季节	位置	深度（m）	0.00	0.05	0.10	0.20	0.30
冬季	近建筑物	最大值（K）	281.90	280.89	279.13	278.69	278.79
		最小值（K）	273.03	274.03	275.78	277.30	278.28
		差值（K）	8.86	6.86	3.35	1.38	0.52
		平均值（K）	276.17	276.57	277.23	278.01	278.57
	远建筑物	最大值（K）	276.88	274.26	274.15	274.40	274.86
		最小值（K）	271.61	273.10	273.69	274.21	274.76
		差值（K）	5.26	1.16	0.46	0.19	0.10
		平均值（K）	273.49	273.60	273.90	274.32	274.82

续表

季节	位置	深度（m）	0.00	0.05	0.10	0.20	0.30
春季	近建筑物	最大值（K）	297.16	295.45	292.30	290.55	291.03
		最小值（K）	285.99	286.94	288.00	288.38	287.52
		差值（K）	11.17	8.51	4.30	2.16	3.51
		平均值（K）	290.84	290.61	290.11	289.56	289.29
	远建筑物	最大值（K）	295.92	286.13	286.30	285.55	284.72
		最小值（K）	281.64	283.99	283.93	284.01	283.93
		差值（K）	14.28	2.14	2.37	1.55	0.78
		平均值（K）	287.51	285.09	285.14	284.82	284.36
夏季	近建筑物	最大值（K）	303.53	302.12	301.56	300.95	300.47
		最小值（K）	299.29	299.46	299.90	299.90	299.74
		差值（K）	4.24	2.66	1.65	1.05	0.73
		平均值（K）	301.10	300.69	300.70	300.51	300.21
	远建筑物	最大值（K）	303.64	302.27	301.85	300.77	300.21
		最小值（K）	298.71	299.07	299.18	299.51	299.72
		差值（K）	4.93	3.19	2.67	1.26	0.49
		平均值（K）	300.66	300.41	300.42	300.16	299.98

表格来源：本书作者自绘。

各个深度的土壤温度变异系数也与土壤温度的最大值与最小值之间的差异相似，如图 11-5 所示。在冬季，同一深度的土壤温度变异系数在近建筑物观测点要大于远建筑物观测点；在春季，除表层土壤以外，近建筑物观测点的变异系数在各个层次均大于远建筑物观测点；在夏季，除深度 0.30m 的土壤温度变异系数为近建筑物观测点大于远建筑物观测点之外，其余各个层次均为近建筑物观测点小于远建筑物观测点。

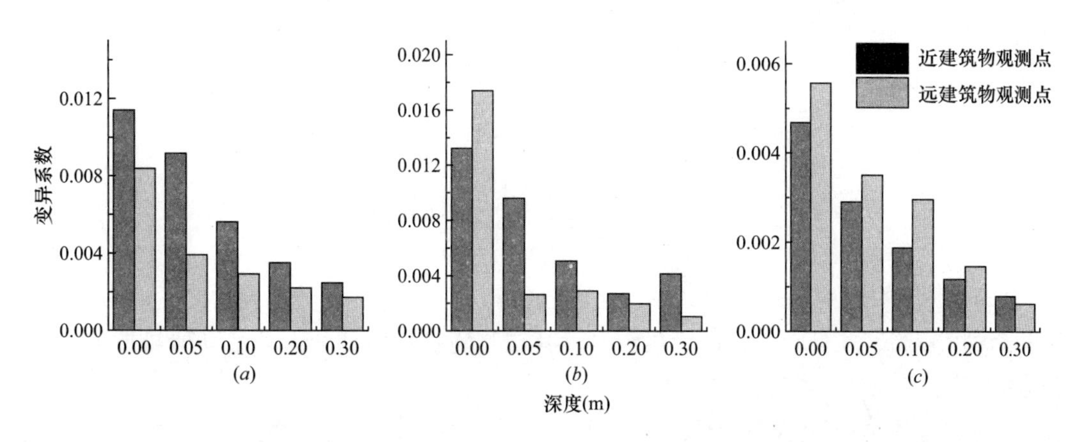

图 11-5　近远建筑物观测点不同深度土壤温度变异系数

（*a*）冬季；（*b*）春季；（*c*）夏季

图片来源：本书作者自绘。

第三节　讨论

一、近建筑物土壤温度高

近建筑物观测点处的土壤温度在大部分时间都要高于远建筑物观测点处的土壤温度，这表明，在大多数时间内，建筑物对于土壤而言是热源，热量从建筑物流向土壤，这一研究结果与前文的研究结果一致，并且在表层土壤中确实存在建筑物-土壤横向热通量，大部分时间建筑物-土壤横向热通量均是由建筑物流向土壤。

本章的实践研究不仅说明土壤表层存在近建筑物观测点与远建筑物观测点的土壤温度差异，并且在 0.05～0.30m 深的土壤中同样也存在类似的状况，且在不同季节表现出不同的模式：在冬季，土壤温度差异随土壤深度的增加而增加；而在夏季，土壤温度差异则是随土壤深度的增加而减小。建筑物在不同深度对土壤的热影响强度不同，即近建筑物观测点与远建筑物观测点在不同深度的差异不同，由此可以推断，不同深度的建筑物-土壤横向热通量的数值不同。

图 11-6 是夏季末土壤表层（0～0.10m）以及深度为 0.10～0.20m 的建筑物-土壤横向热通量的对比，二者日平均值分别为 3.89W/m^2 和 0.13W/m^2，且日变化规律均有不同。这也解释了近建筑物观测点和远建筑物观测点在不同深度上土壤温度差异的大小不同。

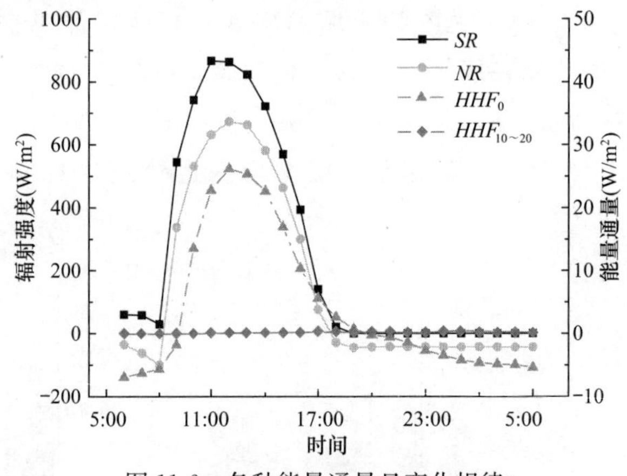

图 11-6　各种能量通量日变化规律

图片来源：本书作者自绘。

建筑物-土壤横向热通量主要由两部分组成：其一是太阳照射建筑物之后，引起建筑物外墙温度较高，并且向土壤进行热传导；其二是建筑物内部的人类活动所排放的热量，即人为热。

人为热是建筑物-土壤横向热通量的重要组成部分，建筑物的热量通过建筑物外表面传热至土壤。通过分析 0.00～0.10m 和 0.10～0.20m 这两个不同层次之间的建筑物-土壤横向热通量与太阳辐射之间的相关性，其结果显示，成正相关和负相关关系，且相关性显著（$P<0.01$），这暗示出二者的来源有所不同。除此之外，在东京的研究中表明，人为热

可以使得土壤温度升高，夏季人为热的变化为从早晨6～8时升高，8～17时维持在较高水平，且变化较小，而在17时之后逐步下降直至次日5时，与0.00～0.10m和0.10～0.20m这两个层次的建筑物-土壤横向热通量均不一致。由于北京的人为热排放与东京的人为热排放具有相似性，因此，可以判断建筑物-土壤横向热通量的来源不全是人为热。

二、近远建筑物观测点土壤温度随深度增加显著差异概率增加

在冬季、春季和夏季的三个季节之中，T检验呈现出不显著性的概率均为随着深度的增加而降低，这说明，随着深度的增加，建筑物对土壤温度的影响则更为显著。这主要是由于影响表层土壤能量收支与表层以下土壤能量收支的因素不同所造成的：对于表层土壤而言，土壤的能量来源主要是对太阳辐射的吸收，即净辐射；而深层土壤的主要能量来源则是垂直土壤热通量。随土壤深度的增加，垂直土壤热通量的数值逐步变小，其对土壤温度的影响也逐步减小，这可以通过不同深度土壤之间的温度差，以及远建筑物观测点不同深度土壤温度的变幅推测出来。

除此之外，通过自动观测气象站的数据可知，垂直土壤热通量（深度为0.02m）小于净辐射值，二者在夏季的平均值分别为1.75W/m^{2}和111.44W/m^2，最小值分别为−39.29W/m^{2}和−111.30W/m^2，最大值分别为28.31W/m^{2}和700.00W/m^2。这些因素可以证明，在垂直方向上，土壤吸收太阳辐射对土壤温度造成的影响要大于土壤垂直热通量的影响。因此，表层土壤更容易受到垂直方向能量通量的影响，而深层土壤则更容易受到建筑物-土壤横向热通量的影响。总体来看，在不同的季节中，近建筑物观测点和远建筑物观测点的不显著差异情况随着深度的增加而减小。

三、最高温度与最低温度出现时刻不同

近建筑物观测点与远建筑物观测点出现最高温度和最低温度的时刻在冬季、春季和夏季的分布均有所不同，总体而言可以归因为两个方面：

（1）由于受到建筑物混凝土材质的影响，在建筑物-土壤的交界处，这两种材质的综合热导率发生改变，即土壤与混凝土的综合热导率与土壤热导率不同。通过土壤热参数仪器所测定的土壤热导率为1.12W/(m·K)，而混凝土的热导率为1.74W/(m·K)。

根据孙柯等人的计算方法，可以通过公式（11-1）来计算土壤-混凝土的综合热导率：

$$\lambda = 2\lambda_1\lambda_2/(\lambda_1 + \lambda_2) \tag{11-1}$$

式中　λ——土壤-混凝土的综合热导率；

λ_1——土壤热导率；

λ_2——混凝土热导率。

根据公式（11-1）的计算可得，λ的数值为1.36W/(m·K)，介于土壤以及混凝土各自的热导率之间。

（2）由于建筑物与土壤具有不同的热力学属性，并且建筑物具有三维空间立体结构，从而导致建筑物表面的温度在太阳辐射的影响下高于土壤温度。在冬季，表面温度计测定

的结果显示，在15：00～16：00的时间段之内，城市建筑物外墙表面、建筑物与毗邻土壤的交接处以及表层土壤温度分别为288.02K、285.72K以及284.92K，这表明，城市建筑物对于毗邻土壤而言是热源，城市建筑物通过将热能储存在外墙中，再给毗邻土壤进行热传导，从而使得土壤温度升高。

上述两点原因的综合作用造成了近建筑物观测点土壤温度最高值和最低值在出现的时间上与远建筑物观测点不同。

四、土壤温度波动

土壤温度波动随着深度的增加而减小。太阳辐射是土壤的重要能量来源，被土壤吸收的太阳辐射称之为净辐射，净辐射进入土壤之后，一方面使得土壤温度上升，另一方面向下传输形成垂直土壤热通量。垂直土壤热通量随土壤深度的增加而逐渐变小，且波动范围也随着深度的增加而减小，因此，土壤温度的波动范围也是随着深度的增加而减小。

对于自然条件下的土壤而言，垂直方向的能量是土壤能量的最主要来源，然而，对于毗邻城市建筑物的土壤而言，来自于建筑物的热通量也是一种重要的能量来源。由近建筑物观测点和远建筑物观测点的不同深度土壤温度的波动幅度以及变异系数可以得出，在冬季和春季，建筑物可以作为热源为土壤加热，而在夏季建筑物虽然仍然作为土壤的热源，但是其作用已经由为土壤提供温度向稳定土壤温度而转变，使得土壤温度的波动更小。

本章小结

经过对不同季节条件下近建筑物观测点与远建筑物观测点的不同深度土壤温度进行比较，本章实践可以得出以下几点结论：

（1）总体上来看，在冬季、春季和夏季三个季节中，城市建筑物对于深度为0.00～0.30m的土壤而言是热源，热量由建筑物向土壤流动，且不同季节的强度有所不同，冬季、春季和夏季的土壤温度差异分别为3.282K、4.698K和0.316K，即春季城市建筑物影响土壤温度强度最高，冬季次之，夏季最弱。

（2）在0.00～0.30m范围之内，城市建筑物对土壤温度的影响随着深度的增加而增加，主要是由于随着深度的增加，太阳辐射对土壤温度的影响逐步减小，垂直土壤热通量的影响也逐渐减小，而建筑物-土壤横向热通量的作用逐渐增加。

（3）在建筑物的影响下，不同深度的土壤温度出现最大值和最小值的时间有所变化，可以归因于建筑物的影响使得土壤与建筑物交界处的热导率提高，以及建筑物的储热作用。

（4）不同深度土壤温度波动以及变异系数的不同均说明了垂直方向上能量通量的影响随着深度的增加而减小。近建筑物观测点与远建筑物观测点的土壤温度波动和变异系数的对比说明了建筑物在不同季节起到了不同的作用：即在冬季和春季主要是为土壤提供能量，使得近建筑物观测点的土壤温度升高，进而与远建筑物观测点形成显著性的差异；而在夏季则起到维持土壤温度相对稳定的作用。

第十二章　建筑物对周边大气的热影响

第一节　实验设计

一、样地选址

本章的实践研究地点与本书第十一章的选址一致，即本章实践的选址坐标、土壤质地、地表覆被、建筑物遮荫时间以及气象条件等均与本书第十一章的描述相同。

二、数据获取与数据处理

本章实验的观测时期与观测方法与本书第十一章相同，但是本章观测的是大气温度，而不是土壤温度。在数据获取方面，采用数据采集器和大气温度传感器的结合，采样间隔、记录间隔以及获取样本的方法均与本书第十一章相同。除此之外，在数据处理方面采用了 T 检验和单因子方差分析，并且两种统计方法的检测水平均为 0.05。

三、布点方法

采用大气温度传感器来观测距离地面不同高度的大气温度。具体的布点方式如图 12-1 所示。

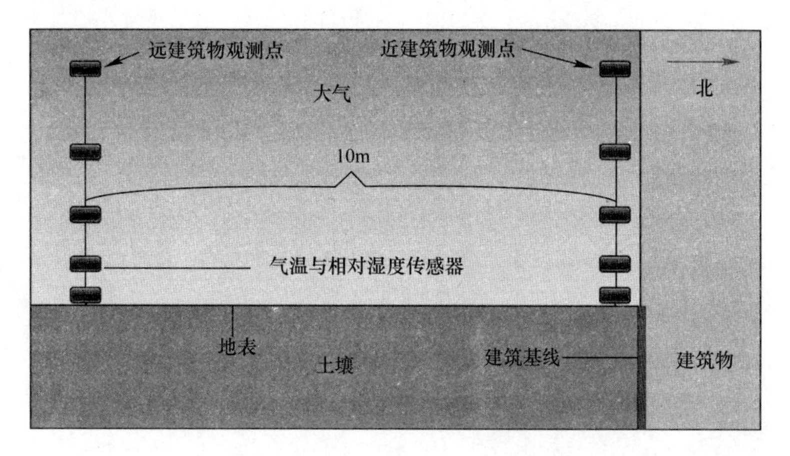

图 12-1　气温与相对湿度传感器的安置与相对位置

图片来源：本书作者自绘。

在不同的季节实验观测的目的不尽相同。其中，冬季主要用于判定近远两处地表对于大气温度的影响高度以及在这些高度上建筑物是否对于大气温度构成影响。春季和夏季则主要用于观测行人高度上建筑物对近远两处大气温度的影响，见表 12-1。

不同季节传感器安置高度 **表 12-1**

季节	传感器安置高度（m）				
冬	0.02	0.10	0.20	0.40	0.60
春	0.02	0.10	0.50	1.00	2.00
夏	0.02	0.50	1.00	2.00	3.00

表格来源：本书作者自绘。

第二节 结果分析

一、垂直气温梯度

将本书第九章中的方法套用于表层土壤对气温的影响范围，并且加以判断。在冬季，土壤表层对气温的影响在近远建筑物两处有截然不同的表现。如图 12-2 所示，在晴天条件下，近建筑物观测点，在表层土壤的影响下，只有在中午 12 时表现出 0.02m 高度的气温显著高于其他高度的气温（$P<0.05$），而其余时间内差异则不显著；与近建筑物观测点不同，远建筑物观测点在底层温度较高时表现出热影响范围扩大与缩小的变化过程，而在底层温度较低时则表现出冷影响范围扩大与缩小的变化过程。

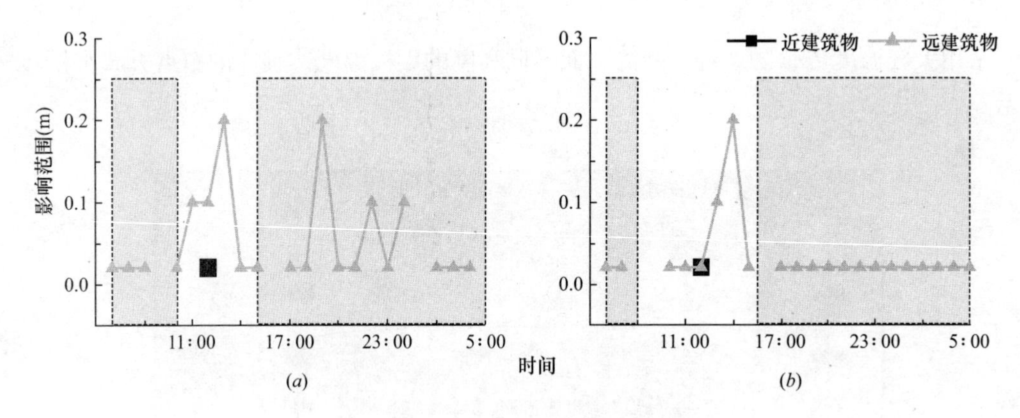

图 12-2 地面对近地表气温影响范围

（a）晴天天气；（b）阴天天气

注：无色区域表示底层气温高；灰色区域表示为底层气温低。

图片来源：本书作者自绘。

在阴天条件的近建筑物观测点，在表层土壤的影响下，统一只有在中午 12 时表现出 0.02m 高度的大气温度显著高于其他高度的大气温度（$P<0.05$），而其余时间内的差异

则不显著；与近建筑物观测点不同，远建筑物观测点在底层大气温度较高时表现出热影响范围扩大与缩小的变化过程，而在底层大气温度较低时，则未出现冷影响范围扩大与缩小的变化过程。

二、平均气温

图 12-3 表示了近建筑物观测点和远建筑物观测点在不同高度的平均气温与温度差异的日变化。

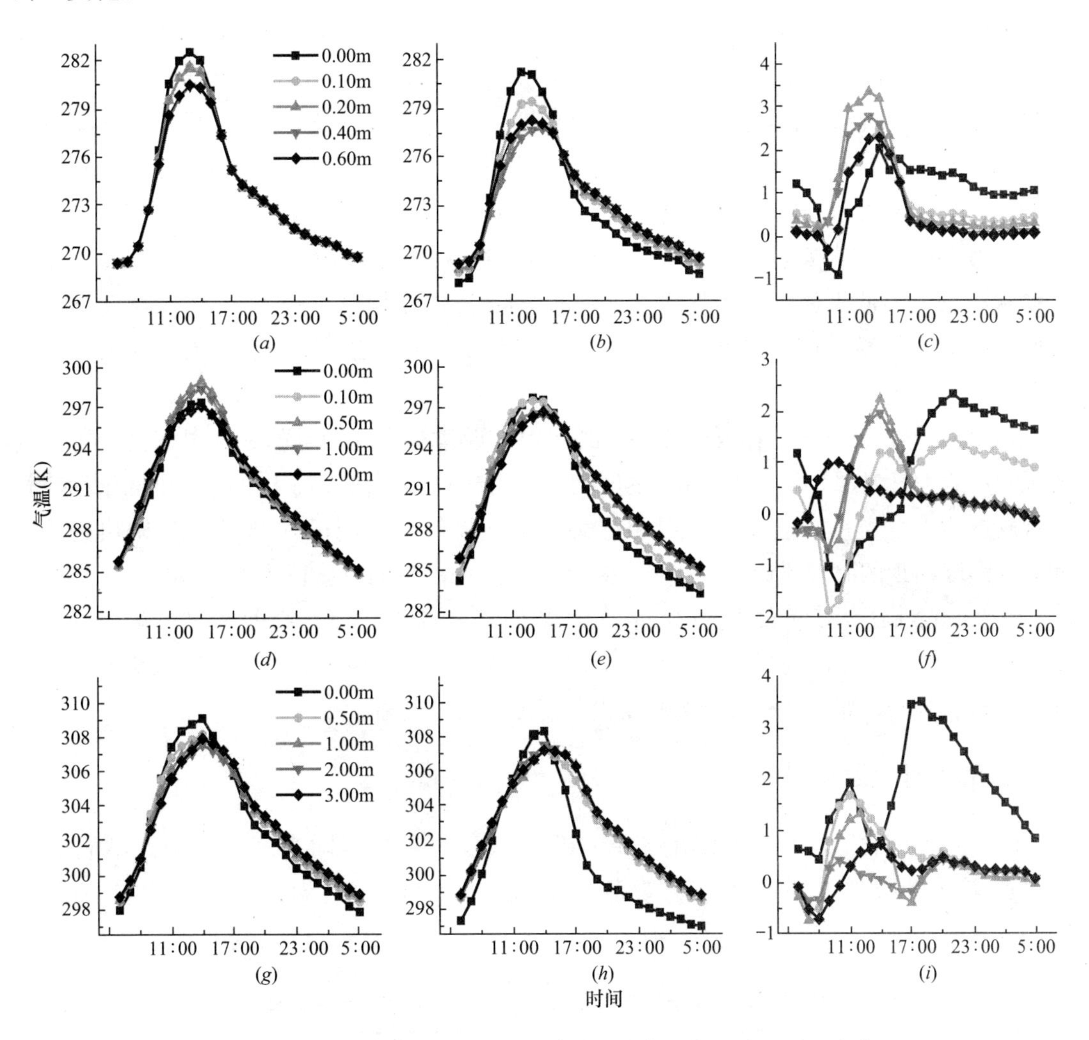

图 12-3　近远建筑物观测点不同高度平均气温与温度差异日变化

(*a*) 冬季近建筑物观测点；(*b*) 冬季远建筑物观测点；(*c*) 冬季近远建筑物土壤温度差异；(*d*) 春季近建筑物观测点；(*e*) 春季远建筑物观测点；(*f*) 春季近远建筑物土壤温度差异；(*g*) 夏季近建筑物观测点；(*h*) 夏季远建筑物观测点；(*i*) 夏季近远建筑物土壤温度差异

图片来源：本书作者自绘。

冬季的大气温度日变化规律如图 12-3 (*a*) 和图 12-3 (*b*) 所示，无论是在近建筑物观测点，还是在远建筑物观测点，并且无论距离地面高度如何变化，大气温度均呈现波动性的日变化规律。作者对同一高度条件下，近建筑物观测点与远建筑物观测点的大气温度进行了比较，其结果表明，在冬季仅有极少数的时间内，近建筑物观测点的大气温度会低于远建筑物观测点的大气温度，这一比例仅占统计结果的5.00%，如图12-3（*c*）所示。在垂直温度分布上，基本上是在10～15时的时间段之内为底层大气温度高，上层大气温度低；而在其他时段则为底层大气温度低，上层大气温度高。

大气温度的日变化规律在春季和夏季也同样表现为波动性的曲线，如图12-3（*d*）、图12-3（*e*）、图12-3（*g*）和图12-3（*h*）所示，即早晨至中午的时间段之内大气温度升高，随后下降直至次日早晨。在春季，如图12-3（*f*）所示，近建筑物观测点的大气温度在大部分的时间内均高于远建筑物观测点，仅有23.33%的时间内，近建筑物观测点的大气温度低于远建筑物观测点：在0.02m的高度，建筑物对大气产生热影响的时间段为9～15时；在0.10m高度，建筑物对大气产生热影响的时间段为7～12时；在0.50m高度，6～10时区间内，近建筑物观测点气温低于远建筑物观测点，当高度为1.00m时，5～10时是近建筑物观测点气温低于远建筑物观测点的时间；在2.00m高度，近建筑物观测点气温低于远建筑物观测点气温的时间集中出现在4～7时。在垂直气温结构方面，底层大气温度较高的出现时间段为9～15时，而其他时段为底层大气温度较低的情况。

如图12-3（*i*）所示，在夏季的多数时间内，近建筑物观测点的大气温度高于远建筑物观测点的大气温度，仅在15.83%的时间内，近建筑物观测点的大气温度要低于远建筑物观测点的大气温度。近建筑物观测点大气温度较低的时间段在0.02m处未出现，在0.50m高度出现的时间段为6～8时，在1.00m高度出现的时间段为6～8时以及16～17时，在2.00m高度出现的时间段为6～8时以及15～17时，而在高度3.00m处，近建筑物观测点大气温度较低的时间段为6～10时。在垂直气温结构方面，10～16时为底层大气温度较高的时段，而其他时段则为底层大气温度较低的时段。

三、逐个小时气温差异

PT检验统计方法用于比较在冬季、春季和夏季三个不同观测时期内，不同高度上，近建筑物观测点和远建筑物观测点上逐个小时的大气温度差异，置信区间为95%。

不同季节条件下近远建筑物观测点不同高度气温无差异概率　　表12-2

冬季	高度（m）	0.02	0.10	0.20	0.40	0.60
	无差异概率（%）	23.30	41.29	44.89	57.02	54.95
春季	高度（m）	0.02	0.10	0.50	1.00	2.00
	无差异概率（%）	25.74	35.30	60.79	62.76	71.84
夏季	高度（m）	0.02	0.50	1.00	2.00	3.00
	无差异概率（%）	42.80	43.56	52.66	62.90	59.12

表格来源：本书作者自绘。

表 12-2 所表示的是冬季、春季和夏季中，不同观测高度上近建筑物观测点与远建筑物观测点的大气温度无显著性差异的概率。由表 12-2 可知，在三个不同的季节中，无差异概率基本上呈现随着高度的增加而增加的趋势，仅有夏季的 3.00m 高度处的无差异概率低于 2.00m 高度（但高于其他 3 个不同的高度），且无差异概率的降低的数值仅为 3.78%，因此，在总体趋势上，大气温度无显著性差异的概率是随着高度的增加而增加的。

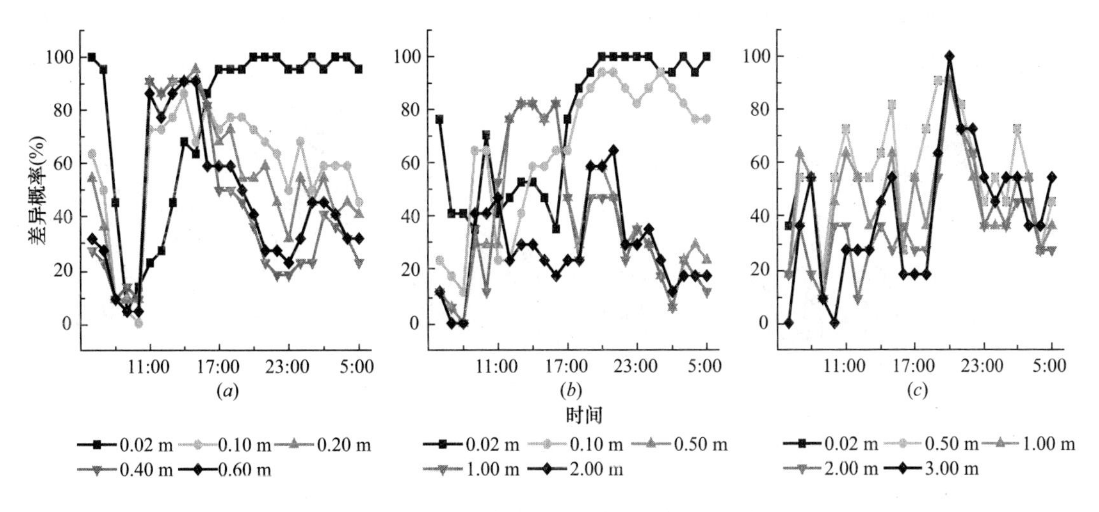

图 12-4　不同高度逐个小时显著差异概率

（*a*）冬季；（*b*）春季；（*c*）夏季

图片来源：本书作者自绘。

图 12-4 表示观测期中的逐个小时内，在不同高度上，近建筑物观测点和远建筑物观测点的大气温度出现显著性差异的概率。如图 12-4（*a*）所示，在冬季，高度为 0.02m 高度上和其他高度上的显著性差异的日变化表现出节律上的差异：在 0.02m 高度上，显著性差异的概率在 9～12 时的时间段之间达到最低，而在其他时段则相对较高；其他高度上的显著性差异的概率则在 8～10 时的时间段之间达到最低，其他时段较高。在显著性差异的变化规律方面，0.02m 高度上呈现 6～9 时的时间段之内的下降趋势；10 时之后逐步升高；至 20 时升至 100%，然后维持较高水平，并伴随有概率在小范围内波动，但始终维持在 90%以上的现象。在其他高度上，显著性差异的概率同样是在 6 时开始下降，至 10 时下降至最低值，然后逐步升高，在 16 时左右达到最高值，至次日 5 时总体上呈现下降的趋势，部分时段内出现波动现象。

在春季，在 0.02m 和 0.10m 高度大气温度的显著性差异概率的变化规律基本为 6～8 时下降，之后呈现上升的趋势，至 20 时达到最高值，维持在较高的水平，并伴随有波动状况。在 0.50m 和 1.00m 的高度，显著性差异概率为 6～8 时下降，之后呈现上升的趋势，并在 13 时达到最高值，维持至 17 时，18 时之后呈现逐步下降的趋势，并伴随有波动状况。对于 3.00m 高度的观测点而言，显著性差异概率则出现双峰分布的情况，两个峰值分别出现在 12 时和 22 时。

在夏季，5 组不同高度的观测点出现显著性差异的概率均呈现波动的状况，从6～20 时总体上呈现上升的趋势，均于 21 时达到峰值，之后总体上呈现下降的趋势。

上述实践结果表明，城市建筑物外墙对其周围大气温度的影响随着高度的增加而减弱，在影响时间上表现为冬季影响时间最长，春季次之，夏季的影响时间最短。

四、不同高度气温比较

图 12-5 所表示的是近建筑物观测点和远建筑物观测点不同高度大气温度的最大值、平均值和最小值比较结果。

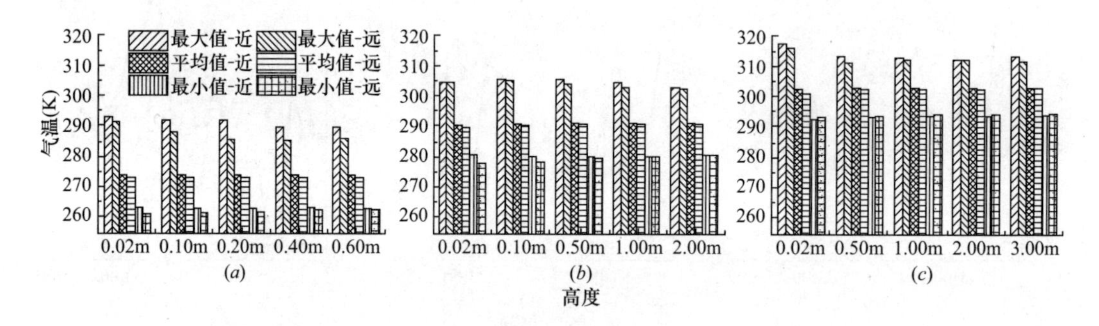

图 12-5　近远建筑物观测点不同高度气温最大值、平均值和最小值比较

(a) 冬季；(b) 春季；(c) 夏季

图片来源：本书作者自绘。

在冬季，无论高度如何变化，大气温度的最大值、平均值和最小值均为近建筑物观测点高于远建筑物观测点。其中，近建筑物观测点的平均气温比远建筑物观测点的平均气温在 0.02m、0.10m、0.20m、0.40m 和 0.60m 高度上高出 1.07K、0.76K、0.96K、0.71K 和 0.51K。

在春季，仅有 0.02m 的高度上大气温度的最大值表现为近建筑物观测点低于远建筑物观测点。而其余的各个高度的大气温度的最大值，以及所有高度上大气温度的平均值和最小值，均表现为近建筑物观测点高于远建筑物观测点。其中，近建筑物观测点的平均气温比远建筑物观测点的平均气温在 0.02m、0.10m、0.50m、1.00m 和 2.00m 高度上高出 0.91K、0.60K、0.43K、0.40K 和 0.33K。

在夏季，大气温度的最大值在 0.02m、1.00m、2.00m 和 3.00m 高度上表现为近建筑物观测点高于远建筑物观测点，而在 0.50m 高度则表现为近建筑物观测点低于远建筑物观测点。大气温度的最小值则表现为在各个高度上近建筑物观测点均低于远建筑物观测点。在大气温度的平均值方面，各个高度上则均表现为近建筑物观测点高于远建筑物观测点，其中，在 0.02m、0.10m、1.00m、2.00m 和 3.00m 高度上，近建筑物观测点的大气温度要高于远建筑物观测点大气温度 1.76K、0.49K、0.22K、0.12K 和 0.20K。

冬季、春季和夏季相互比较的结果表明，建筑物对其周边大气温度的影响强度随着高度的增加而减弱。

第三节　讨论

一、建筑物外墙影响气温的垂直梯度

图 12-2 表明，在晴天条件下，近建筑物观测点和远建筑物观测点上，地表对大气温度在垂直方向上的影响范围不同，其中，在近建筑物观测点仅有 1 个时刻表现出对近地表大气温度的热影响，这表明，除了地表对建筑物温度有影响之外，还有其他因素影响大气温度的垂直分布规律。这两个观测点的最大不同之处就在于距离建筑物外墙距离的远近。建筑物外墙可以吸收短波辐射并释放出长波辐射，长波辐射正是大气升温所必须的能量来源，因此，在靠近建筑物外墙区域的大气会更加容易受到建筑物外墙所释放长波辐射的影响。最终，靠近建筑物外墙大气温度的垂直分布会受到建筑物外墙的影响。

二、建筑物外墙对周围气温有影响

建筑物外墙对城市大气温度的影响并未改变城市气候变化的模式。在气候变化的影响下，大气温度的日变化规律严格受到地表能量收支影响。在自然条件下，太阳辐射在正午达到最大值，受太阳辐射的影响，地表温度升高，并于 13 时左右地表温度达到日最大值，此时地面辐射达到日最大值。气温则受到地面辐射的影响最大，于 14 时左右达到最大值；而气温的最小值则出现在黎明破晓前后。本章对于冬季、春季和夏季的研究结果均表明，近建筑物观测点和远建筑物观测点在不同高度上的大气温度均在 14 时左右达到最大值，并且最低气温也出现在日出前后，这说明城市建筑物对于气候变化的模式并未造成本质上的改变。

近建筑物观测点的平均气温高于远建筑物观测点的平均气温可以间接地证明城市建筑物对于大气而言可以作为热源来看待，而且温度差异越大说明热源效应越明显。这与张会宁所认为的建筑物外墙直接影响其周围大气温度的结果相一致。为了证明这一点，作者对建筑物外墙的温度与气象站观测的数据进行比对，并发现在冬季晴朗的天气条件下，15 时建筑物外墙的温度比大气温度要高出 7.62K，这直接证明了建筑物外墙可以作为城市大气的热源。关于这一点，Bourbia 也在其研究中证明了建筑物外墙温度要高于其毗邻大气温度以及气象站所观测到的气温值。此外，Santamouris 认为，建筑物外墙因接受日照的时段不同或者朝向不同，其与空气进行热量交换过程中所扮演的角色也不一样。这与本章所得到的结果基本一致，即建筑物外墙在大多数时间起到热源的作用，仅在少部分的时段起到热汇的作用。总体上来看，对于大气温度来说，建筑物外墙起到热源的作用，对解释城市热岛效应的形成具有一定的帮助。

建筑物外墙在水平方向上对大气温度的影响作用并不能从根本上改变大气温度的日变化规律，如图 12-3 所示，大气温度在昼夜尺度上的最大值仍然出现在 14 时左右，最小值

则出现在黎明破晓阶段。本章所研究的建筑物外墙对周边大气温度的影响主要表现在，近建筑物观测点和远建筑物观测点的大气温度差异，实践结果表明，城市建筑物在冬季、春季和夏季并不仅仅只是作为热源为周边空气提供热量而存在，事实上，城市建筑物外墙在部分时段是可以作为周边空气的热汇起到降温作用的，只是城市建筑物作为周边空气热汇的时间比起作为热源的时间短，且强度较小。因此，建筑物在总体上仍然是城市空气的热源。

三、建筑物外墙影响气温的显著性

本章的研究结果说明在冬季、春季和夏季之中，城市建筑物外墙均对其周边的大气温度产生影响，其对周围大气温度影响的显著性随着季节的变化而变化，其中，冬季最强，春季次之，而夏季最弱。造成这种结果的最主要原因是太阳辐射与地面辐射的季节变化。北京地区太阳辐射在冬季、春季和夏季的变化规律为冬季最小，春季次之，以及夏季最高；同样，北京地区的地面辐射也是同样的变化规律。上述三个季节的观测时期内日均太阳辐射强度变化见表 12-3。

日均太阳辐射总量 **表 12-3**

季节	冬季	春季	夏季
日均太阳辐射总量（MJ）	4.79×10^{3}	1.21×10^{4}	1.31×10^{4}
日均相对湿度	47.77%	58.37%	64.28%

表格来源：本书作者自绘。

地面辐射是地表面（例如土壤等）这种以其本身的热量日夜不停地向外放射辐射的方式。根据黑体辐射的计算方式 $B=\delta\times T^4$，其辐射强度与表层土壤温度直接相关，因此，地表辐射强度主要取决于表层土壤温度的变化。根据本书第十一章中对于表层土壤温度的监测，土壤表层的平均温度分别为 273.49K、287.51K 和 300.66K，这也表明，冬季地表辐射强度最小，春季次之，夏季最强，而之前的研究也观测到类似的现象。除此之外，由于季节的影响，见表 12-3，三个季节的平均相对湿度排名为夏季最大，春季次之，冬季最小。水汽是大气中对长波辐射吸收的重要物质，水汽增多有利于大气对长波辐射进行吸收并且产生增温效应。综上所述，在地面辐射以及大气对长波辐射吸收均增加的前提下，城市建筑物对大气温度的影响在夏季要比春季和冬季弱。

本章小结

城市建筑物是城市下垫面的重要组成部分，同时建筑物的形态以及布局造成了城市建筑物三维空间格局的形成，同时也形成了各种各样的微气象/微气候环境。城市建筑物外墙的热效应是城市大气温度升高和城市热岛效应的众多驱动力之一。

城市建筑物外墙具有相对较高的温度，在不同的季节，其热效应均有所体现，具体表现在，靠近建筑物外墙的观测点在不同高度的平均气温均高于远离建筑物外墙观测点的平均气温。近建筑物观测点和远建筑物观测点的大气温度差异可以用来表征建筑物外墙对大气热影响的强度，二者温差越大则表明热影响的强度越大，反之亦然。

随着高度的增加，建筑物外墙对于其周边大气热影响的影响强度逐渐减弱。另外，建筑物外墙对于其周边大气影响的显著性程度随季节而变化。其中，冬季对气温影响的显著程度最高，在55.73%的时间内均有影响；在春季建筑物外墙对大气温度的影响在48.74%的时间内为显著影响；然而夏季建筑物外墙对大气温度影响的显著程度则为47.81%。

综上所述，建筑物外墙是城市大气的热源之一，是城市内部气温较高的驱动力之一，城市建筑物外墙是形成城市微气象/微气候的重要原因，为城市热岛效应的形成提供了必要的条件。

第十三章　道路对周边土壤的热影响

第一节　实验设计

一、样地选址

本章实践选址为北京市海淀区中国科学院生态环境研究中心，试验进行的时节是春季。北京春季的气候特点是：气温变化快、降雨少、干燥多风。北京春季（3～5 月）的平均降雨量为 45～80mm，仅占据全年降雨量的 10%左右，可是蒸发量却占据了全年蒸发量的 30%～32%，空气中的水汽含量很小，很干燥，故有“十年九春旱之说”。北京春季气温变化快，常常大起大落，而且气温的日较差大，一般日较差都在 10℃以上，最大的可差 20℃左右。

本章实践选取的城市道路为北京市海淀区中国科学院生态环境研究中心的内部道路，其基本材质为石材，道路的路面宽 6.28m，属于行人道，很少有车辆经过，人流量也非常少，周边无高大植被，并且试验路段不受其周边植被遮荫的影响。

二、器材与方法

本章实践使用数据采集器、土壤热通量板（具有自校正功能，精度±5%）、太阳辐射传感器（精度±3%）、净辐射传感器、土壤温度传感器（精度±0.2℃）和土壤湿度传感器（精度±3%）。

具体方法是将土壤热通量板埋设在路肩和绿地土壤之间，如图 13-1 所示。其中，土壤热通量板的正面朝向路肩，背面朝向绿地土壤。因此，数据采集器所记录的正值即为道路向绿地土壤进行热量传导，而数据采集器所记录的负值则为绿地土壤向道路进行热量传导。土壤热通量板采样频率为：每分钟一次，每 10min 记录平均值一次。

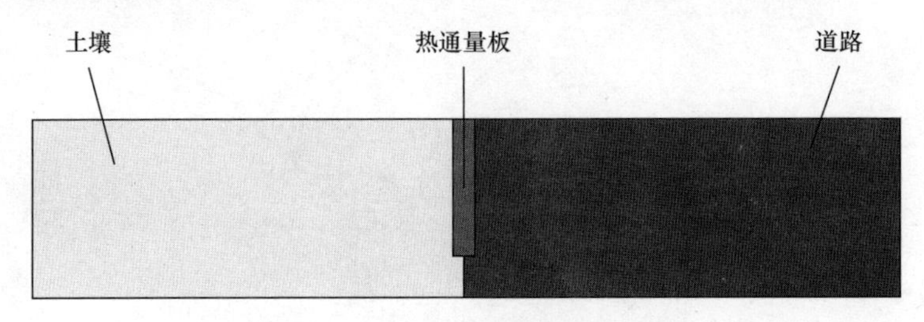

图 13-1　土壤热通量板的埋设方法

图片来源：本书作者自绘。

将太阳辐射传感器架设在土壤热通量板附近，距离地面高度为 2m，测定太阳辐射强度以及净辐射强度。太阳辐射传感器的采样频率为：每分钟一次，每 10min 记录平均值一次。土壤温度传感器和土壤湿度传感器的采样频率为：每分钟记录数据一次。

第二节　结果与分析

一、晴天条件下道路向绿地土壤传导热量

在晴天天气条件下，太阳辐射与道路向绿地土壤传导热通量的数值呈现极其显著的正相关关系（$P<0.01$）。太阳辐射大约持续 12h，为 6～18 时的时间段内，其变化趋势为 6 时开始为正值，并且逐渐升高，至 12 时达到峰值，然后逐步下降，至 18 时仍为正值，19 时下降为 0。道路向绿地土壤传导热通量是在 7 时开始逐渐升高，于 13 时达到峰值，之后开始下降。从图 13-2 可以看出，道路向绿地土壤传导热通量的变化与太阳辐射的变化之间大约存在 1h 的时滞效应。

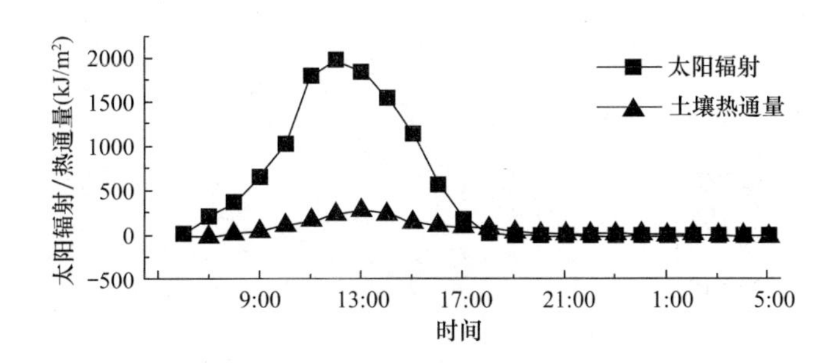

图 13-2　晴天条件下道路向土壤传导热通量与太阳辐射变化

图片来源：本书作者自绘。

二、阴天条件下道路向绿地土壤传导热量

在阴天天气条件下，太阳辐射与道路向绿地土壤传导热通量的数值呈现极其显著的正相关关系（$P<0.01$）。太阳辐射大约持续 12h，为 6～18 时的时间段内，其变化趋势为 6 时开始为正值，并且逐渐升高，至 12 时达到峰值，然后逐步下降，至 18 时仍为正值，19 时下降为 0。道路向绿地土壤传导热通量是在 7 时开始逐渐升高，于 13 时达到峰值，之后开始下降。从图 13-3 可以看出，道路向绿地土壤传导热通量的变化与太阳辐射的变化之间同样存在 1h 的时滞效应。

对比图 13-2 和图 13-3 可以发现，晴天天气条件下和阴天天气条件下，道路向绿地土壤传导热量的趋势相同，但传导热量的数值存在明显的不同，晴天天气显著高于阴天天气。

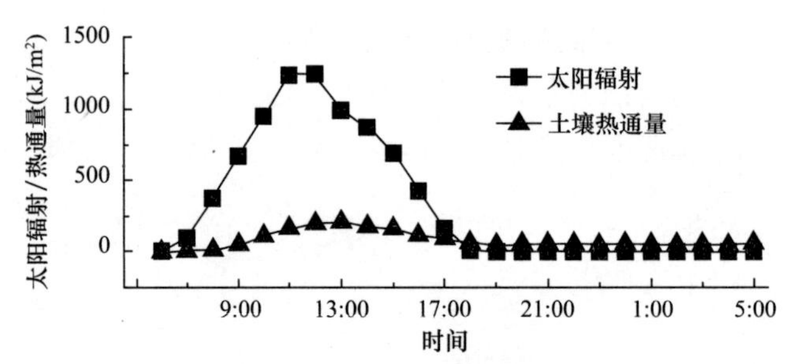

图 13-3　阴天条件下道路向土壤传导热通量与太阳辐射变化

图片来源：本书作者自绘。

三、日道路向绿地土壤传导热量总量与日太阳辐射总量

本次试验共计进行 29 天，在此期间的天气状况有晴天、多云、阴天、雾霾和降水的出现，基本囊括了北京地区春季的各种天气类型。

将试验期间每日道路向绿地土壤传导热量总量与日太阳辐射总量进行统计分析，并将其对应的数值进行散点绘制，此二者的相关性分析结果表明：每日道路向绿地土壤传导热量总量与每日太阳辐射总量之间同样存在极其显著的相关性（$P<0.01$），用线性公式拟合的 R^2 值为 0.843，其表达式为：$y=0.167x-254.9$，见图 13-4。

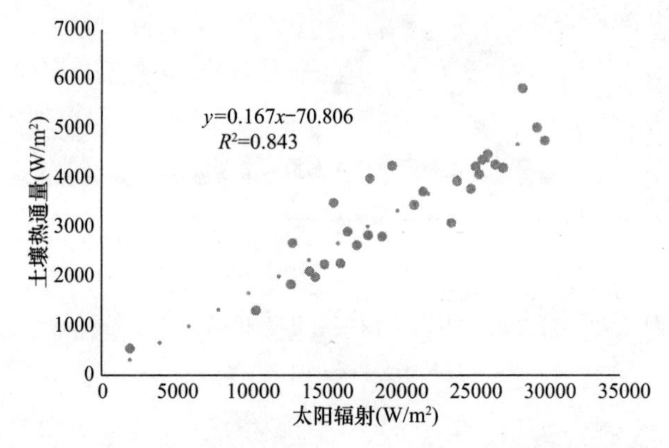

图 13-4　日道路向绿地土壤传导热量总量与日太阳辐射总量

图片来源：本书作者自绘。

本章小结

城市道路与城市建筑物一样，都是城市人工构筑物的重要组成部分，道路对周边环境的热影响并不是本书的重点阐述内容，因此，本书仅简单对其进行了实验研究，得出以下结论：

（1）晴天天气条件下和阴天天气条件下，道路向绿地土壤传导热量的趋势相同，但传导热量的数值存在着明显的不同，晴天天气道路向绿地土壤传导热量显著高于阴天天气。

（2）每日道路向绿地土壤传导热量总量与每日太阳辐射总量之间同样存在极其显著的相关性（$P<0.01$），用线性公式拟合的 R^2 值为 0.843，其公式表达式为：$y=0.167x-254.9$。

第十四章　实践总结

第一节　总结

全球变暖是近百年来全球气候变化的趋势，受全球变化的影响，我国的气温也在近百年时间内升高了 0.5～0.8K。城市气候是以全球气候变化为基础，受人类活动影响的局地气候，而城市热岛效应则是城市局地气候变化的最好体现。事实上，城市热岛效应的体现不仅在于它能够使城市气温高于郊区和乡村地区，而且还可以使城市土壤温度和地下水温度升高。关于城市土壤温度的研究大多数局限在城市和乡村之间土壤温度垂直分布的差异，以及同等深度土壤温度的差别，这些研究的数量巨大；相比之下，几乎没有学者关注城市人工构筑物对土壤温度的横向影响，相关的报道也是凤毛麟角。本书的实践部分结合生态学中传统的梯度法，将其加以改进，创新性地构建了构筑物-土壤微梯度分析法，将原本用于进行大尺度观测的梯度法进行降尺，形成尺度为米级和厘米级的观测方法，用以研究城市人工构筑物对表层土壤温度、深层土壤温度以及城市大气温度的影响。实践结果有效地丰富了横向上人工构筑物对周围环境热影响这一领域的研究成果，主要针对建筑物对毗邻绿地表层土壤的热影响，建筑物对不同深度土壤温度的影响、建筑物对不同高度的大气影响以及道路对周边土壤的热影响等进行长期观测和研究，并得出一些翔实可靠的结论。

（1）在单日时间尺度上，城市建筑物对毗邻绿地表层土壤温度最大的影响范围为 0.30m，而且最大的影响范围随着季节条件与天气条件的变化而发生变化。城市中形态各异的人工构筑物对毗邻表层土壤的影响范围在相同季节的相同天气条件下具有一致性，包括：具有三维空间立体结构的高大建筑物与低矮建筑物，以及具有平面特征的停车场或者小型硬化地块，即人工构筑物对毗邻表层土壤温度的影响范围不随人工构筑物的几何特征以及材质而改变，各种人工构筑物对毗邻绿地表层土壤的影响范围是具有均一性的。除此之外，城市建筑物单侧外墙对毗邻绿地表层土壤温度的影响均匀，即在相同天气条件下，城市建筑物毗邻绿地对表层土壤温度的影响仅与观测点和建筑物基线之间的距离相关，观测数据可以以点代线。

（2）城市建筑物外墙对其毗邻绿地表层土壤的横向热影响可以用起始点的表层土壤温度与稳定点的表层土壤温度之间的差异来表示，温度差异越大，横向热影响的强度就越高，反之亦然。在表层土壤温度上，横向热影响的最大强度出现在夏季的晴天条件下，其中，建筑物南侧、北侧、东侧和西侧的最大影响强度分别为：6.61K、1.64K、5.93K 和 2.76K。气候特征与太阳辐射强度变化是城市建筑物对毗邻绿地表层土壤温度影响的重要条件之一。

（3）城市建筑物的四侧外墙可以营造出不同的微气象/微气候条件，最主要是城市建筑物的三维空间结构造成的遮荫效应，可以使得城市建筑物的四侧外墙及其毗邻绿地表层土壤接受不同长度的日照，进而影响表层土壤温度的变化节律与动态，另外，也可以影响城市建筑物与毗邻绿地土壤之间的热传导过程。在相同季节中，城市建筑物影响其毗邻绿地的表层土壤温度具有不同的模式以及不同的最大影响范围，这两者都是城市建筑物所创造的微气象/微气候条件下，城市建筑物对其毗邻绿地表层土壤温度具有不同影响的最好映射。城市建筑物每一侧外墙对其毗邻绿地表层土壤温度的影响在同一季节有着不同的模式，太阳辐射充足的南侧中，模式Ⅰ的情况比其他侧面出现的要多；而太阳辐射最少的北侧外墙则出现模式Ⅲ的概率要高于其他外墙。除此之外，城市建筑物外墙对于表层土壤的横向影响范围也随着城市建筑物外墙朝向的变化，表现在夏季南侧外墙的影响范围最大且持续影响时间最长，同样说明城市建筑物三维空间结构造成的微气象/微气候条件不同进而对城市建筑物与其毗邻绿地表层土壤之间热传导过程产生影响。

（4）从实践章节的实验结果来看，城市建筑物与其毗邻绿地表层土壤之间始终存在着热量传导，但是，城市建筑物的角色并不一直是热源，向毗邻绿地土壤传导热量，偶然也会起到热汇的作用，从毗邻绿地土壤吸收热量。总体而言，城市建筑物对于毗邻绿地表层土壤而言大部分时间是作为热源，可以为解释城市土壤温度高于郊区和乡村地区土壤温度提供一定的数据支撑。

（5）影响城市建筑物毗邻绿地表层土壤温度变化以及空间分布的原因可以归结为能量收支的不同，以及各种能量因子在不同时段起到不同的作用。影响城市建筑物毗邻绿地土壤能量收支的因子大致上可以分为大气、建筑物以及土壤三种能量过程。这三种能量过程的交互作用使得建筑物毗邻绿地表层土壤温度呈现梯度分布的趋势，并且在昼夜尺度上，不同时段每种能量过程起到的作用不同。就全天尺度而言，大气、建筑物与土壤三者的交互作用对毗邻绿地表层土壤温度的横向分布起到主导作用，并且单独的能量过程对表层土壤温度分布起到的作用极为微小；对于白昼而言，各种能量过程的表现与白天类似，同样是三种能量的交互作用对毗邻绿地表层土壤温度的横向分布起到主导作用；到了夜晚时段，各个能量过程所起到的作用不同于全天和白昼，具体表现为：城市建筑物能量过程对毗邻绿地表层土壤温度的空间分布起到绝对的主导作用，三种能量过程的交互作用次之。同样的，对于各种能量因子所起到的作用与三种能量过程所起到的作用类似，在全天和白昼均是多种能量因子的交互作用起到主导作用，而到了夜晚则是建筑物-土壤横向热通量起主导作用，并且大于其他所有能量因子的贡献率之和。

（6）表层土壤温度可以用公式 $T_S = a \times \exp^{(-bx)} + c$ 来表达。x 表示距离建筑物基线的长度；a、b 和 c 均为该公式的系数，其中，a 是起始点与稳定点之间的温度差异，与建筑物-土壤横向热通量呈现正相关的关系（$P<0.01$），b 是与土壤自身热物理性质相关的参

数，与建筑物-土壤横向热通量的绝对值的平方根呈现正相关的关系（$P<0.01$），c 是稳定点的表层土壤温度，不受城市建筑物的影响，并且与大气温度呈现正相关的关系（$P<0.01$）。整个公式将大气、建筑物和土壤紧密结合在一起，是大气-建筑物-土壤能量流动系统的一种表现，为研究城市土壤与大气的热环境提供理论基础。

（7）建筑物-土壤横向热通量是造成城市建筑物周边表层土壤温度呈现梯度分布的重要因子，尤其在夜晚更是起到绝对的主导作用。建筑物-土壤横向热通量与众多气象因子具有相关性：其仅与太阳辐射在单季和多季呈现出线性回归关系，且相关系数维持在较高水平（0.874）；相比之下，建筑物-土壤横向热通量与气温、相对湿度、土壤温度或者土壤湿度仅在单季呈现线性相关，而跨越季节尺度后便不相关或者相关系数非常低。除此之外，这些因子的相对重要性也是以太阳辐射为首位的（48.63%）。因此，太阳辐射对于建筑物-土壤横向热通量来说是其最根本的驱动力，其他因子则起到协同作用。

（8）城市建筑物对周边土壤的热影响不仅仅局限在土壤表层，其对较深层的土壤同样具有热影响。总体而言，冬季、春季和夏季的城市建筑物均是周边土壤的热源，在不同深度上，城市建筑物对周边土壤的热影响不一致，这是表层土壤与深层土壤能量收支过程差异的体现。除此之外，近建筑物观测点和远建筑物观测点的 T 检验差异出现概率在冬季最高，春季次之，夏季最低，这说明每个季节的变化是不同季节中各种能量通量日变化以及交互作用的结果。在冬季，建筑物-土壤横向热通量所起到的作用最大，在夏季最弱。毗邻城市建筑物的土壤由于受到建筑物的影响，其与建筑物的水泥形成一种混合材质，这种混合材质的热导率等热力学参数与土壤不同，这是造成近建筑物观测点与远建筑物观测点土壤温度最大值和最小值出现时间具有差异的主要原因。除此之外，城市建筑物在不同季节均是周边土壤的热源，但是在三个季节却起到不同的作用：在冬季和春季主要是为土壤提供能量，使得近建筑物观测点的土壤温度升高，进而与远建筑物观测点形成显著性差异，而在夏季则起到维持土壤温度相对稳定的作用。

（9）受到城市建筑物影响的不仅是土壤的热环境，其周边的大气温度也受到城市建筑物的影响。总体而言，城市建筑物是其周边大气的热源，向周边大气辐射与传导热量。但是，城市建筑物也有作为大气热汇的时段，主要体现在近建筑物观测点的大气温度低于远建筑物观测点的大气温度。城市建筑物不仅能在水平方向上影响大气温度的高低，并且能够在影响水平方向大气温度的基础上对气温的垂直分布和结构构成影响。在本书实践研究的观测范围内，城市建筑物对周边空气的影响强度和显著性在总体上呈现出随着高度增加影响强度减弱的趋势，除此之外，就影响强度而言，冬季城市建筑物对其周边空气的影响最弱，春季次之，夏季最强。但是，就影响显著程度而言，冬季影响最强，春季次之，夏季最弱。

（10）城市道路也是城市人工构筑物的重要组成部分，晴天条件下和阴天条件下，道路向绿地土壤传导热量的趋势相同，但传导热量的数值存在着明显的不同，晴天道路向绿地土壤传导热量显著高于阴天。除此之外，每日道路向绿地土壤传导热量总量与每日太阳辐射总量之间同样存在极其显著的相关性（$P<0.01$），用线性公式拟合的 R^2 值为 0.843，

其公式表达式为：$y=0.167x-254.9$。

第二节　创新

以往学者只研究了城市热岛效应背景下，城市地区与郊区不同深度土壤温度的对比，以及不同土地利用类型土壤温度的差异。与垂直方向（不同深度土壤温度的差异）上丰硕的研究成果相比，水平方向上（相同深度不同距离土壤温度的差异）的研究相对较少。基于此，本书的实践部分将研究重点主要集中在水平方向上，研究和分析城市建筑物对其毗邻绿地表层土壤的热影响，城市建筑物对不同深度土壤的热影响、城市建筑物对不同高度大气的热影响以及城市道路对周边土壤的热影响等，为研究城市建筑物对城市热岛效应以及地下城市热岛效应的影响提供理论和观测数据基础。

除此之外，研究人工构筑物对周边土壤温度分布的影响以及能量传递过程具有重要意义。在过去的大多数研究中，学者们通常只选择某一时刻进行研究测定，很少有人关注人工构筑物对周边土壤温度变化过程的影响，也没有针对人工构筑物的几何形态来研究其对周边土壤温度影响的先例，可以说，在前期的研究工作中，土壤温度变化过程和人工构筑物的几何形态这两个条件基本上被忽略了。本书的实践部分，作者根据人工构筑物几何形态，研究了人工构筑物对其毗邻绿地表层土壤温度的连续影响过程。

总体来说，本书实践部分的创新点主要有三个方面。首先，将传统的梯度分析法进行尺度上的降维，创新性地构建了构筑物-土壤微梯度样带法，用来观测人工构筑物在水平方向上对其毗邻绿地表层土壤的热影响；其次，选择了鲜少有人研究的水平方向，即相同深度条件下，建筑物对其毗邻绿地的表层土壤的热影响，这与以往学者对土壤温度的研究主要集中在垂直方向，即不同深度土壤温度分布有所不同；最后，创新性地提出了大气-建筑物-土壤能量流动系统理论框架，将城市近地表层打开进行微尺度观测与分析，用以解释表层土壤温度在空间上的变化。实践部分丰富了学术界在这一领域的研究成果，同时对城市生态环境的改善具有重要的理论及实践意义。

第十五章　展　　望

第一节　建筑单体方面

本书实践研究主要集中在近地表层的土壤和大气，这一层面是地气交换最为活跃的场所。本书实践就建筑物单体对不同距离的土壤、不同深度的土壤和不同高度的大气均作了相应的研究，研究结果表明：城市建筑物外墙对不同距离的土壤、不同深度的土壤以及不同高度的大气均有热影响。实践部分在昼夜尺度上对城市建筑物单体在毗邻绿地表层土壤温度影响强度、节律、模式、相关影响因子以及公式拟合等方面进行了研究，并且跨越春季、夏季、秋季和冬季四个季节；同时还初步探索了城市建筑物对周边大气温度的影响，涵盖冬季、春季和夏季三个季节。

在未来的研究中，关于城市建筑物单体对周边环境的热影响研究还有待于进一步提升：

首先，在进行城市建筑物单体对其周边土壤与大气热影响的研究时，需要在长时间的尺度上进行观测，且应该更加需要注意城市建筑物单体对其周边环境热影响的累积效应，长时间的观测更有助于将大气-建筑-土壤能流系统的框架进一步完善，使城市建筑物单体对周边环境造成热影响的过程、节律以及模式得到更精确的表达。

其次，本书实践部分的研究是在微小的空间尺度上进行的。虽然得出了可以以点带线或以点带面的结果，但是这些属于定性的研究，科研的最终目标则是需要定量的结果，为了得到定量的结果，还需要进行大量重复的实验观测，用以得到大量的气象/能量因子与大气温度和土壤温度变化的关系，进而得到数字化的模型，为建设舒适的城市环境提供有力的支持。

再次，虽然本书所建立的大气-建筑-土壤能流系统的初步框架已经可以用来解释城市表层土壤温度的空间变化机制，但是，该能流系统还有需要补充的能流过程，例如，城市建筑物单体外墙对太阳辐射的吸收和反射，以及其自身向外的辐射通量，这些研究目前在国际上也为数不多，还需要在接下来的研究中进行更深入的探索。

最后，实验观测应该与数值模拟相结合，两者相辅相成，实验观测可以为数值模拟提供数据基础，数值模拟可以为实验观测提供校验。

总而言之，关于城市建筑物单体对周边环境热影响的研究还有很长的路需要走，跨尺度的研究更是需要结合大量的观测与模拟研究。

太阳辐射影响城市建筑物单体对毗邻里表层土壤热影响的时长和范围，同时，太阳辐射对于建筑物-土壤横向热通量的相对重要性最高，因此，减少城市建筑物墙体接收的太阳辐射则可以用于减少城市建筑物对毗邻绿地表层土壤的热影响，并且缓解城市建筑物单体对毗邻绿地表层土壤温度的影响强度。通过使用高反照率的材料可以有效地降低城市建筑物对太阳辐射的吸收，但是，高反照率的材料应用于城市建筑物外墙可能会造成城市交通的安全隐患（例如影响司机的视线等）。比较理想的一种方法是对城市建筑物进行墙体绿化，或者在其周边种植灌木。城市建筑物墙体绿化可以考虑种植爬山虎一类的藤蔓植物，用以对墙体遮荫，避免城市建筑外墙温度过高；种植灌木的目的是为城市建筑物外墙与周边土壤之间的生态交错区遮荫，以避免土壤和墙体基部受到太阳辐射的直射。绿色植物不仅能够避免墙体直接受热，还可以将太阳辐射转化为植物生长所需要的能量；另外，绿色植物还可以通过蒸腾作用将太阳辐射转化为潜热通量（温度不变条件下单位面积的热量交换），从而降低城市建筑物其周边微环境的气温，最终达到降低城市建筑物对表层土壤温度的热影响，减少城市气温的升温幅度以及达到缓解城市热岛效应等作用。另外，之所以选择绿色灌木是考虑到大型乔木的生长会造成城市建筑物内部的采光不足，而灌木的种植则可以避免这一类的问题方式，以满足采光、采暖和人类的心理需求。

城市冠层内部是人类生产、生活、学习和工作的集中地。本书所构建的大气-建筑物-土壤能量流动系统理论框架的目的不仅是用于解释城市表层土壤温度在空间上的分布，同时还希望这一理论能够更多地应用于城市冠层内部热舒适度和大气污染扩散等问题的研究，对城市内部的建筑物形态、建筑物布局、绿地配比等进行最佳的配置，为城市规划提供可靠的依据，以建设热舒适度高、环境质量良好的工作与生活空间为基本目标，最终实现社会-经济-自然复合生态系统的和谐构建。

第二节　建筑群体方面

本书仅对城市建筑物群体对周边环境的热影响作了理论阐述，并未实施具体实践，这将是未来科研工作的重点。

一、建筑三维空间格局对土壤的热影响

与城市热岛效应的研究相比较，城市土壤温度的研究数量相对较少，也一直未引起广大学者们的重视。作为自然界中最为活跃的圈层，土壤圈在生态系统中扮演着极为重要的角色。表层土壤在土壤圈中处于大气与土壤的交界处，是能量流动与能量交换最为活跃的重要场所，直接影响到城市的热环境。在本书实践部分已经得出城市建筑物单体外墙对毗邻绿地表层土壤在水平方向上的热力学影响模式，未来的研究应在此基础上展开，对城市土壤热效应研究继续深入，进一步增大尺度，从城市建筑物单体向城市建筑物群体延伸，探索城市建筑物群体（建筑三维空间格局）对表层土壤热力学过程的影响机制、影响因素、作用方式及影响程度等。

1. 选址

实地调研要涵盖老旧建筑物高度集中的区域（多层建筑物密集无序，建筑物格局混

乱）、新老建筑物交替的区域（高层建筑物与多层建筑物布局无序，建筑物格局较为混乱）以及新建筑物聚集的区域（高层建筑物比例高，城市建筑物格局相对有序），通过GPS和电子卫星地图进行观测点定位，使用激光测距仪对所选定区域的建筑物进行几何形态的测绘，包括建筑物的长、宽和高，记录建筑物的材质。将实际测绘与调研的结果输入Ecotect、Envi-met和ArcGIS中，建立实际建筑物调研结果（建筑物几何形态和材质）相符的三维模型。综合多个观测点的实际测绘与调研结果，最终形成多个观测点的城市建筑物的三维空间格局数据库，并且可以计算出城市内的不同小区建筑物的三维空间格局指标的差异。在每个区域选择没有大型植被遮挡，土壤质地、植被覆盖等因素相似的地点进行2～4个样点的布点并采样（蛇形或者对角线采样法），以排除建筑物外的其他环境影响，详细记录植被覆盖类型、表层植被高度、土壤湿度和其他热力学参数，如热导率、比热容等。

2. 城市建筑三维空间格局体系构建

对选定样点的城市建筑物群体的各项指标进行计算，用以描述城市建筑物的三维空间格局特征，并且对不同观测点的建筑物群体的三维空间格局特征进行比较。

通过测绘和调研构建城市建筑物三维数字模型，并计算得出观测区域内的建筑物的三维空间格局指标，如建筑平均高度、天空开阔度、街道峡谷宽高比、完整的街道高宽比、建筑表面积、建筑体量等。

建筑平均高度可以用公式（15-1）来表示：

$$\bar{h} = \frac{\sum_{i=1}^{N} h_i}{N} \tag{15-1}$$

式中 N——建筑物的总数；

h_i——第 i 个建筑物的高度。

天空开阔度通过Envi-met和ArcGIS等软件进行计算。

街道峡谷宽高比通过公式（15-2）来表示：

$$\lambda_S = \frac{(H_1 + H_2)/2}{S_{12}} \tag{15-2}$$

式中 H_1、H_2——建筑物1和建筑物2的高度；

S_{12}——该两栋建筑物之间的宽度。

完整的街道高宽比可以用公式（15-3）进行计算：

$$\lambda_C = \frac{A_C}{A_r} = \frac{A_W + A_R + A_G}{A_r} \tag{15-3}$$

式中 A_C——建筑物和裸露地面的综合表面积；

A_W——墙面面积；

A_R——屋面面积；

A_G——裸露地面面积；

A_r——研究场地的规划面积。

建筑总表面积可以通过公式（15-4）来计算：

$$S = A_W + A_R \tag{15-4}$$

建筑总体量可以利用公式（15-5）来计算：

$$V = \sum_{i}^{N} (H_i \cdot S_i) \tag{15-5}$$

式中 H_i——第 i 栋建筑物的高度；

S_i——第 i 栋建筑物的占地面积。

将上述指标经过归类和整合，用以进一步探索城市建筑物的三维空间格局对其内部和周边环境变化的关系及作用机理。

3. 城市建筑三维空间格局对土壤的热力学影响

采用平均值、单因子方差和T检验等统计学方法，在不同季节、不同气象条件下，昼夜尺度以及季节尺度上，研究城市建筑物不同三维空间格局影响下的表层土壤（0.0～0.3m，这一层次的土壤位于土壤的最表层，是能量传递与交换最为活跃的场所）不同层次的温度变化规律，并与对照点进行对比，包括：升温过程、降温过程、温度浮动程度以及不同采样点的统计指标，以得到土壤的热力学响应模式。

归纳上述土壤热力学过程的统计结果，并且与所构建的城市建筑物的三维空间格局指标体系进行统计学分析，以得出对土壤热力学过程产生影响的关键城市建筑物的三维空间格局指标。采用相关性分析、层次分析和变差分解等多种统计学方法对研究结果进行统计，以得出城市建筑物的三维空间格局影响土壤热力学过程的机制。将所得到的影响土壤温度变化的城市建筑物的三维空间格局指标与土壤温度建立相关模型，并对模型参数进行调试和优化，直至模型可以精确地预测土壤温度。在此基础上，将得到的模型参数、气象参数以及城市建筑物的三维空间格局数据，在 ArcGIS 软件中进行计算，最终得到城市不同区域表层土壤温度分布的实际状况。

具体的研究思路如图 15-1 所示。

二、建筑三维空间格局对大气的热影响

逆温现象是城市内部大气污染聚集的重要条件。城市建筑物的三维空间格局及其立体结构参数影响着城市空间中的逆温现象与大气的结构稳定性，改变了城市空间中大气污染物的累积与扩散模式，间接影响人类的健康和生活质量。以往的研究中，学者们习惯采用气象学以及气候学中的大尺度空间作为研究对象，以在区域尺度上更好地表征大气污染聚集与逆温现象的关系。但是，对于城市冠层内部的大气污染累积、悬浮颗粒物聚集、雾霾天气形成的研究，如果仍以区域尺度作为研究对象，则在研究数值精度和准度上略显粗糙。事实上，城市建筑物之间的空间所形成的城市冠层是人类活动的主要场所，其空气质量与人类健康状况及生活质量息息相关。但至今为止，城市冠层并没有作为大气污染问题研究的主要对象，学术界在城市建筑物三维空间格局影响城市冠层内部逆温现象形成与消除时空模式方面的研究还较为欠缺。

在未来建筑无三维空间格局对大气影响的研究方面，应避开学术界大批学者对气溶胶光学特性的分析，而另辟蹊径地关注在纷繁复杂的城市建筑物三维空间格局中逆温现象对大气污染扩散的影响，从而进一步分析影响逆温现象形成与消除的城市建筑物布局模式。

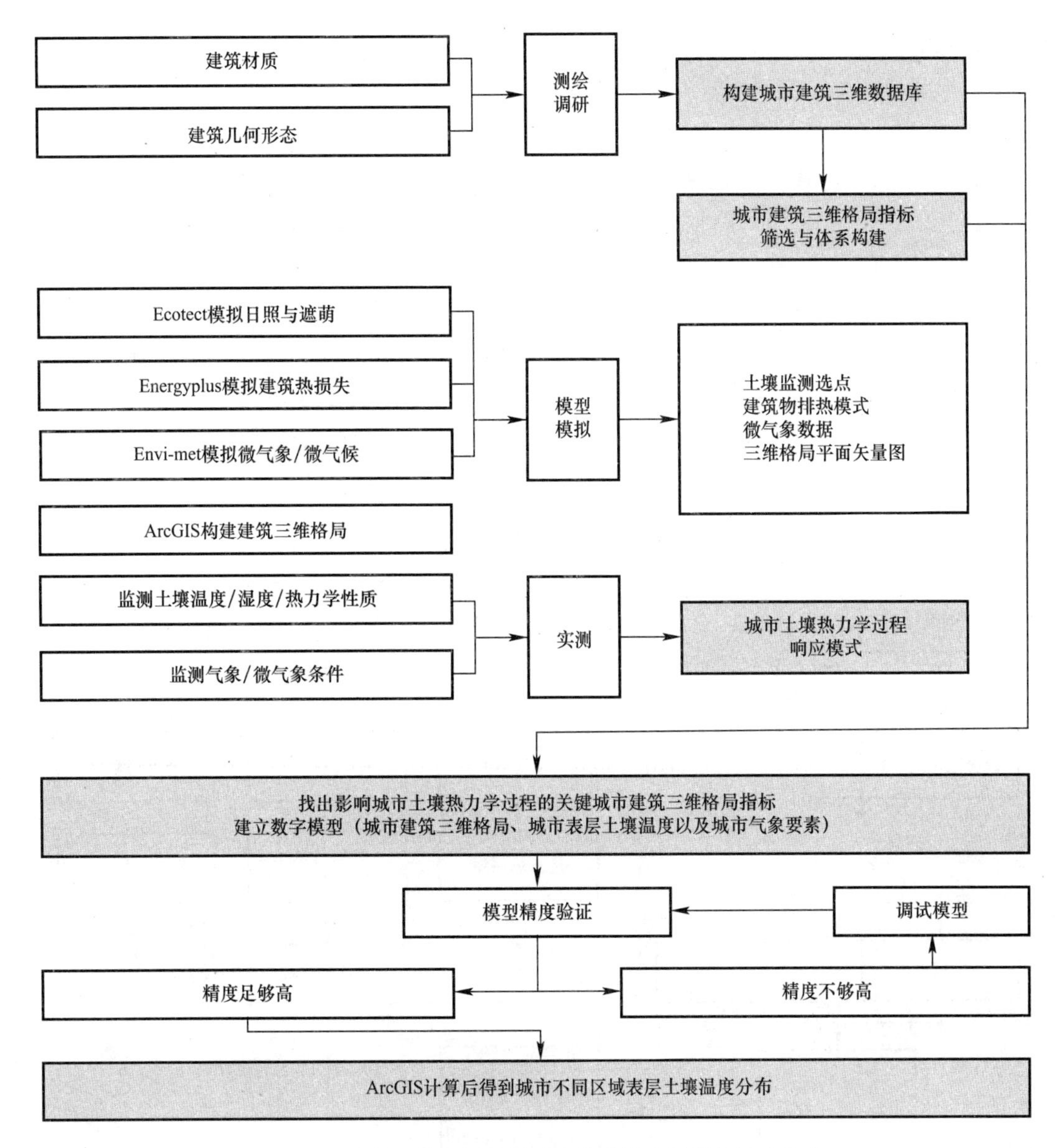

图 15-1　建筑三维空间格局对土壤热影响的研究技术路线

图片来源：本书作者自绘。

目前，城市冠层是逆温层研究领域的盲点，以城市建筑物之间的空间所形成的城市冠层作为研究对象，明确建筑物三维空间格局影响城市建筑物之间逆温现象形成与消除的时空模式，有助于城市规划者通过合理规划和调整建筑物三维空间格局，缩短城市冠层内部逆温现象的持续时间，有助于改善城市内部空气质量，缓解大气污染现象。

选址和建筑物三维空间格局体系构建方法与建筑物群体对土壤热影响相同，天空可视指数与街道高宽比作为街道、社区的建筑物三维空间格局特征指标，用以描述选定的不同社区的建筑物三维空间格局结构特征，用仪器记录研究区域内的气温、相对湿度、风向、风速、气压、土壤温度、土壤湿度；污染物浓度（PM 2.5、SO_2 和 NO_2 等），通过空气采样并带回到实验室进行分析。通过 Envi-met 模型进行模拟分析，以得出不同建筑物群体（高度、形状、方位、空间配置等）对建筑物高度内逆温现象形成模式以及消除模式的影响机理，得到一年四季不同天气条件下城市冠层内部逆温形成与消散的时空规律及逆温现象的演变过程特征；在 Energy plus 和 SOLWEIG 模型中模拟建筑物外墙的热损耗以及建筑物之间空间中的能量流动路径（主要是热辐射）。将模拟结果与实际测定的结果进行比较、验证和修订。

作为自然界中原本不存在的景观元素，城市建筑物在很大程度上改变了自然原有的能量流动路径与收支过程。使用 Energy plus 与 SOLWEIG 分别模拟计算出城市建筑物排热和建筑物之间空间的辐射强度，以得出建筑物之间不同位点的能量通量强度，再分析这些位点能量通量强度与天空可视指数和街道高宽比这两种街道、社区的建筑物三维空间格局特征的关系，以得到城市不同建筑物三维空间格局对建筑物之间的能量流动路径特征的影响（图 15-2）。

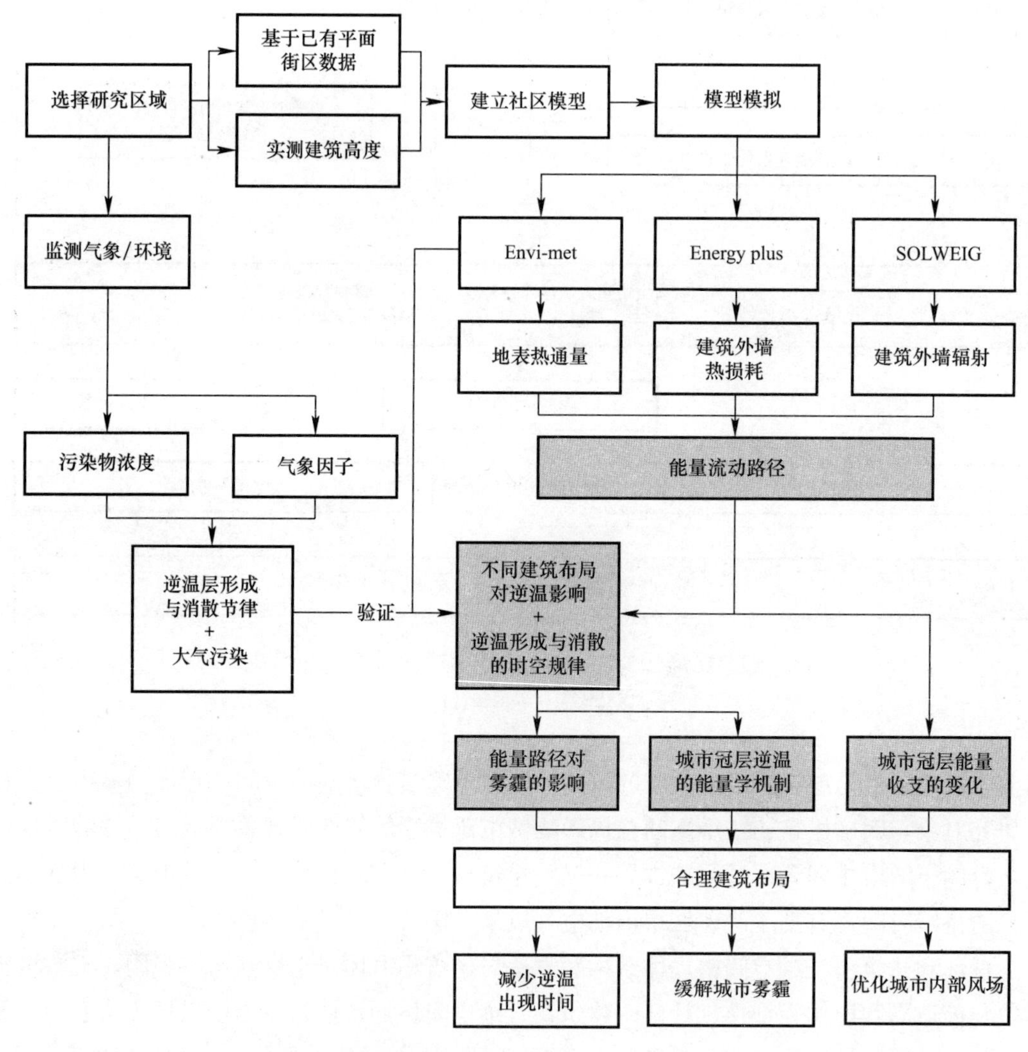

图 15-2　建筑三维空间格局对大气热影响的研究技术路线

图片来源：本书作者自绘。

第三节 道路方面

城市道路与城市建筑物一样，都是城市人工构筑物的重要组成部分，道路对周边环境的热影响并不是本书的重点阐述内容，因此，本书仅简单对其进行了实验研究，所得到的研究结果并未形成系统，也未能进一步丰富大气-建筑物-土壤间能流系统理论和模型。在未来的研究中，可以将道路、建筑物、大气和土壤看作为一个完整的系统来研究几者之间的能量传输过程，来进一步解释城市表层土壤在空间上分布具有差异性的原因，为缓解城市热岛、大气污染等城市环境问题服务。

参考文献

[1] BAI Y, WU J, CLARK C M, et al. Grazing alters ecosystem functioning and C: N: P stoichiometry of grasslands along a regional precipitation gradient [J]. Journal of Applied Ecology, 2012, 49 (6): 1204-1215.

[2] BEATLEY T. Green urbanism: Learning from European cities [M]. Island Press, 2012.

[3] BENZ S A, BAYER P, MENBERG K, et al. Spatial resolution of anthropogenic heat fluxes into urban aquifers [J]. Science of The Total Environment, 2015, 524: 427-439.

[4] BIN S, CHAOSHENG T, LEI G, et al. Differences in shallow soil temperatures at urban and rural areas [J]. Journal of Engineering Geology, 2012, 2 (1): 58-65.

[5] BIGNAMI F, MARULLO S, SANTOLERI R, et al. Longwave radiation budget in the Mediterranean Sea [J]. Journal of Geophysical Research: Oceans, 1995, 100 (C2): 2501-2514.

[6] BOCOCK K, JEFFERS J, LINDLEY D, et al. Estimating woodland soil temperature from air temperature and other climatic variables [J]. Agricultural Meteorology, 1977, 18 (5): 351-372.

[7] BOGREN J, GUSTAVSSON T. Nocturnal air and road surface temperature variations in complex terrain [J]. International Journal of Climatology, 1991, 11 (4): 443-455.

[8] BONAIUTO M, FORNARA F, BONNES M. Indexes of perceived residential environment quality and neighbourhood attachment in urban environments: a confirmation study on the city of Rome [J]. Landscape and Urban Planning, 2003, 65 (1-2): 41-52.

[9] BOURBIA F, AWBI H B. Building cluster and shading in urban canyon for hot dry climate: Part 1: Air and surface temperature measurements [J]. Renewable Energy, 2004, 29 (2): 249-262.

[10] Bourbia F, Boucheriba F. Impact of street design on urban microclimate for semi arid climate (Constantine) [J]. Renewable Energy, 2010, 35 (2): 343-347.

[11] Brauer M, Freedman G, Frostad J, et al. Ambient Air Pollution Exposure Estimation for the Global Burden of Disease 2013 [J]. Environmental Science & Technology, 2015, 50 (1): 79.

[12] BRAZEL A, SELOVER N, VOSE R, et al. The tale of two climates-Baltimore and Phoenix urban LTER sites [J]. Climate Research, 2000, 15 (2): 123-135.

[13] BRISTOW K L. On solving the surface energy balance equation for surface temperature [J]. Agricultural and Forest Meteorology, 1987, 39 (1): 49-54.

[14] Burian S J, Han W S, Brown M J. Morphological Analyses Using 3D Building Databases: Houston [J]. Analyst, 2002, 4 (9): 55-56.

[15] Ca V T, Asaeda T, Ashie Y. Development of a numerical model for the evaluation of the urban thermal environment [J]. Journal of Wind Engineering & Industrial Aerodynamics, 1999,

81 (1-3): 181-196.

[16] CERMAK J. Thermal effects on flow and dispersion over urban areas: capabilities for prediction by physical modeling [J]. Atmospheric Environment, 1996, 30 (3): 393-401.

[17] CHANDLER T J. The climate of London [M]. JSTOR. 1966.

[18] CHANDLER T. Urban Climate Inventory and Prospect [C]. WMO Symposium on Urban Climate and Building Climatology, Brussels, Belgium, 1969.

[19] Cheng W C, Liu C H. Large-eddy simulation of turbulent transports in urban street canyons in different thermal stabilities [J]. Journal of Wind Engineering and Industrial Aerodynamics, 2011, 99 (4): 434-442.

[20] CHOW T T, CHAN A L S, FONG K F, et al. Hong Kong solar radiation on building facades evaluated by numerical models [J]. Applied Thermal Engineering, 2005, 25 (13): 1908-1921.

[21] Coors V. 3D-GIS in networking environments, Computers [J]. Environment and Urban Systems, 2003, 27 (4): 345-357.

[22] Craul P J. A description of urban soils and their desired characteristics [M]. Journal of Arboriculture, 1985.

[23] COSTANTINI E A, DAZZI C. The soils of Italy [M]. Springer, 2013.

[24] DAVIES M, STEADMAN P, ORESZCZYN T. Strategies for the modification of the urban climate and the consequent impact on building energy use [J]. Energy Policy, 2008, 36 (12): 4548-4551.

[25] DE GRACIA A, CASTELL A, FERN NDEZ C, et al. A simple model to predict the thermal performance of a ventilated facade with phase change materials [J]. Energy and Buildings, 2015, 93: 137-142.

[26] DELGADO J D, ARROYO N L, AR VALO J R, et al. Edge effects of roads on temperature, light, canopy cover, and canopy height in laurel and pine forests (Tenerife, Canary Islands) [J]. Landscape and Urban Planning, 2007, 81 (4): 328-340.

[27] DELSANTE A E, STOKES A N, WALSH P J. Application of Fourier transforms to periodic heat flow into the ground under a building [J]. International Journal of Heat and Mass Transfer, 1983, 26 (1): 121-132.

[28] DORIGO W, WAGNER W, HOHENSINN R, et al. The International Soil Moisture Network: a data hosting facility for global in situ soil moisture measurements [J]. Hydrology and Earth System Sciences, 2011, 15 (5): 1675-1698.

[29] DOS SANTOS G H, MENDES N. Simultaneous heat and moisture transfer in soils combined with building simulation [J]. Energy and Buildings, 2006, 38 (4): 303-314.

[30] DUCKWORTH F S, SANDBERG J S. The effect of cities upon horizontal and vertical temperature gradients [J]. Bull Amer Meteor Soc, 1954, 35: 198-207.

[31] Edussuriya P, Chan A, Ye A. Urban morphology and air quality in dense residential environments in Hong Kong. Part I: District-level analysis [J]. Atmospheric Environment, 2011,

45 (27): 4789-4803.

[32] Erell E, Pearlmutter D, Williamson T. Urban microclimate: designing the spaces between buildings [M]. EARTHSCAN, 2012.

[33] FEARNSIDE P M. Global warming response options in Brazil's forest sector: Comparison of project-level costs and benefits [J]. Biomass & Bioenergy, 1995, 8 (3): 309-322.

[34] FENG X, CAI D. Soil temperature in relation to air temperature, altitude and latitude [J]. Acta Pedologica Sinica, 2004, 41 (3): 489-491.

[35] Feng Y, Feng Q, Lau S S Y. Urban form and density as indicators for summertime outdoor ventilation potential: A case study on high-rise housing in Shanghai [J]. Building & Environment, 2013, 70 (12): 122-137.

[36] FEY S B, MERTENS A N, BEVERSDORF L J, et al. Recognizing cross-ecosystem responses to changing temperatures: soil warming impacts pelagic food webs [J]. Oikos, 2015, 124 (11): 1473-1481.

[37] FULLER R A, GASTON K J. The scaling of green space coverage in European cities [J]. Biology Letters, 2009, 5 (3): 352-355.

[38] GAGO E J, ROLDAN J, PACHECO-TORRES R, et al. The city and urban heat islands: A review of strategies to mitigate adverse effects [J]. Renewable and Sustainable Energy Reviews, 2013, 25 (5): 749-758.

[39] GEDZELMAN S, AUSTIN S, CERMAK R, et al. Mesoscale aspects of the urban heat island around New York City [J]. Theoretical and Applied Climatology, 2003, 75 (1-2): 29-42.

[40] G H H, M H G. Soil temperatures under urban trees and asphalt [J]. Forest Service Research Paper, 1981, NE (481): 1-6.

[41] GIVONI B. Cooled soil as a cooling source for buildings [J]. Solar Energy, 2007, 81 (3): 316-328.

[42] GRIMM N B, FAETH S H, GOLUBIEWSKI N E, et al. Global change and the ecology of cities [J]. Science, 2008, 319 (5864): 756-760.

[43] Guo Z, Hu D, Zhang F, et al. An integrated material metabolism model for stocks of urban road system in Beijing, China [J]. Science of The Total Environment, 2014, 470-471: 883-894.

[44] Halverson H G, Heisler G M. Soil Temperatures under Urban Trees and Asphalt [J]. Forest Service Research Paper, 1981, 481: 1-6.

[45] HAMILTON I G, DAVIES M, STEADMAN P, et al. The significance of the anthropogenic heat emissions of London's buildings: A comparison against captured shortwave solar radiation [J]. Building and Environment, 2009, 44 (4): 807-817.

[46] Han D, Shim J, Shin D S, et al. Evolution of the urban aerosol during winter temperature inversion episodes [J]. Atmospheric Environment, 2006, 40 (28): 5355-5366.

[47] Harman I N, Belcher S E. The surface energy balance and boundary layer over urban street canyons [J]. Quarterly Journal of the Royal Meteorological Society, 2006, 132 (621): 2749-2768.

[48] HEUSINKVELD B G, JACOBS A F G, HOLTSLAG A A M, et al. Surface energy balance closure in an arid region: role of soil heat flux [J]. Agricultural and Forest Meteorology, 2004, 122 (1-2): 21-37.

[49] Hjelmfelt M R. Numerical Simulation of the Effects of St. Louis on Mesoscale Boundary-Layer Airflow and Vertical Air Motion: Simulations of Urban vs Non-Urban Effects [J]. Journal of Applied Meteorology, 1982, 21 (9): 1239-1257.

[50] HOLMES T R, JACKSON T J, REICHLE R H, et al. An assessment of surface soil temperature products from numerical weather prediction models using ground - based measurements [J]. Water Resources Research, 2012, 48 (2): 229-235.

[51] HORTON R, WIERENGA P. Estimating the soil heat flux from observations of soil temperature near the surface [J]. Soil Science Society of America Journal, 1983, 47 (1): 14-20.

[52] HOWARD L. The climate of London [M]. W. Phillips, sold also by J. and A. Arch, 1818.

[53] ICHINOSE T, SHIMODOZONO K, HANAKI K. Impact of anthropogenic heat on urban climate in Tokyo [J]. Atmospheric Environment, 1999, 33 (24-25): 3897-3909.

[54] IDSO S, AASE J, JACKSON R. Net radiation—soil heat flux relations as influenced by soil water content variations [J]. Boundary-Layer Meteorology, 1975, 9 (1): 113-122.

[55] IPCC. Climate Change 2013: The physical science basis: Working group I contribution to the fifth assessment report of the Intergovernmental Panel on Climate Change [M]. Cambridge University Press, 2014.

[56] JANSSEN H, CARMELIET J, HENS H. The influence of soil moisture in the unsaturated zone on the heat loss from buildings via the ground [J]. Journal of Building Physics, 2002, 25 (4): 275-298.

[57] Kalnay E, Cai M. Impact of urbanization and land-use change on climate [J]. Nature, 2003, 423 (6939): 528-531.

[58] Kamp I V, Leidelmeijer K, Marsman G A. et al. Urban environmental quality and human well-being: Towards a conceptual framework and demarcation of concepts; a literature study [J]. Landscape and Urban Planning, 2003, 65 (1-2): 5-18.

[59] KANG S, KIM S, OH S, et al. Predicting spatial and temporal patterns of soil temperature based on topography, surface cover and air temperature [J]. Forest Ecology and Management, 2000, 136 (1 - 3): 173-184.

[60] Kelly K M. Urbanism, health and human biology in industrialised countries [J]. American Journal of Human Biology, 2001, 13 (6): 839-840.

[61] Kondo H. Heating in the Urban Canopy by Anthropogenic Energy Use [C]. in Proceedings of 15th International Congress of Biometeorology and International Conference on Urban Climatology (ICB-ICUC'99), Sydney, Australia, 1999: 8-12.

[62] Kondo H, Liu F H. A Study on the Urban Thermal Environment Obtained through One-Dimensional Urban Canopy Model [J]. Journal of Japan Society for Atmospheric Environment,

1998，33（3）：179-192.

[63] Kusaka H，Kondo H，Kikegawa Y，et al. A Simple Single-Layer Urban Canopy Model For Atmospheric Models：Comparison With Multi-Layer And Slab Models [J]. Boundary-Layer Meteorology，2001，101（3）：329-358.

[64] KUSTAS W P，PRUEGER J H，HATFIELD J L，et al. Variability in soil heat flux from a mesquite dune site [J]. Agricultural and Forest Meteorology，2000，103（3）：249-264.

[65] KUSTAS W P，DAUGHTRY C S. Estimation of the soil heat flux/net radiation ratio from spectral data [J]. Agricultural and Forest Meteorology，1990，49（3）：205-223.

[66] Landman K，Delsante A. Steady-state heat losses from a building floor slab with horizontal edge insulation [J]. Building and Environment，1987，22（1）：49-55.

[67] LANDSBERG H E. The urban climate [M]. Academic Press，1981.

[68] LEE B-K，JUN N-Y，LEE H K. Comparison of particulate matter characteristics before，during，and after Asian dust events in Incheon and Ulsan，Korea [J]. Atmospheric Environment，2004，38（11）：1535-1545.

[69] LI L，ZHANG H，HU B，et al. Characteristics of soil heat flux in different soil types in China [J]. Plateau Meteorology，2012，31（2）：322-328.

[70] LIU C，SHI B，TANG C，et al. A numerical and field investigation of underground temperatures under Urban Heat Island [J]. Building and Environment，2011，46（5）：1205-1210.

[71] LIU Z，WANG Y，PENG J，et al. Using ISA to analyze the spatial pattern of urban land cover change：a case study in Shenzhen [J]. Acta Geographica Sinica，2011，66（7）：961-971.

[72] LUCK M，WU J. A gradient analysis of urban landscape pattern：a case study from the Phoenix metropolitan region，Arizona，USA [J]. Landscape Ecology，2002，17（4）：327-339.

[73] MACLEAN JR S，AYRES M. Estimation of soil temperature from climatic variables at Barrow，Alaska，USA [J]. Arctic and Alpine Research，1985：425-432.

[74] MACKAY W P，SILVA S，LIGHTFOOT D C，et al. Effect of increased soil moisture and reduced soil temperature on a desert soil arthropod community [J]. American Midland Naturalist，1986：45-56.

[75] MANLEY G. On the frequency of snowfall in metropolitan England [J]. Quarterly Journal of the Royal Meteorological Society，1958，84（359）：70-72.

[76] MEEROW A W，BLACK R. Enviroscaping to conserve energy：guide to microclimate modification [M]. University of Florida Cooperative Extension Service，Institute of Food and Agriculture Sciences，EDIS，1993.

[77] MENBERG K，BAYER P，ZOSSEDER K，et al. Subsurface urban heat islands in German cities [J]. Science of The Total Environment，2013，442（1）：123-133.

[78] MENBERG K，BLUM P，SCHAFFITEL A，et al. Long-term evolution of anthropogenic heat fluxes into a subsurface urban heat island [J]. Environmental science & technology，2013，47（17）：9747-9755.

[79] MIHALAKAKOU G，SANTAMOURIS M，ASIMAKOPOULOS D，et al. On the ground

temperature below buildings [J]. Solar Energy, 1995, 55 (5): 355-362.

[80] MIESS M. The climate of cities [J]. Nature in Cities JohnWhiley and Sons Ltd, Surrey, 1979: 91-114.

[81] MIRZAEI P A, HAGHIGHAT F. Approaches to study urban heat island - abilities and limitations [J]. Building and Environment, 2010, 45 (10): 2192-2201.

[82] Mount H, Hernandez L, Goddard T, et al. Temperature signatures for anthropogenic soils in New York City [C]. Classification, Correlation, and Management of Anthropogenic Soils, Proceedings-Nevada and California, 1999, 2: 137-140.

[83] Niachou K, Livada I, Santamouris M. Experimental study of temperature and airflow distribution inside an urban street canyon during hot summer weather conditions - Part I: Air and surface temperatures [J]. Building and Environment, 2008, 43 (8): 1383-1392.

[84] Nikolopoulou M, Baker N, Steemers K. Thermal comfort in outdoor urban spaces: understanding the human parameter [J]. Solar Energy, 2001, 70 (3): 227-235.

[85] NORMAN J M, KUSTAS W P, HUMES K S. Source approach for estimating soil and vegetation energy fluxes in observations of directional radiometric surface temperature [J]. Agricultural and Forest Meteorology, 1995, 77 (3): 263-293.

[86] Oke T R. Boundary layer climates [J]. Earth Science Reviews, 1987, 27 (3): 265.

[87] Oke T R. The energetic basis of the urban heat island [J]. Quarterly Journal of the Royal Meteorological Society, 2010, 108 (455): 1-24.

[88] OKE T, JOHNSON G, STEYN D, et al. Simulation of surface urban heat islands under 'ideal' conditions at night Part 2: Diagnosis of causation [J]. Boundary-Layer Meteorology, 1991, 56 (4): 339-358.

[89] Olsson E G A, Austrheim G, Grenne S N. Landscape change patterns in mountains, land use and environmental diversity, Mid-Norway 1960-1993 [J]. Landscape ecology, 2000, 15 (2): 155-170.

[90] Panagiotou I, Neophytou K A, Hamlyn D, et al. City breathability as quantified by the exchange velocity and its spatial variation in real inhomogeneous urban geometries: An example from central London urban area [J]. Science of The Total Environment, 2013, 442 (442C): 466-477.

[91] PANG J. A climatology calculation method for ten-day total solar radiation [J]. Meteorology, 1979, (2): 20-21.

[92] PARKER C L. Slowing global warming: benefits for patients and the planet [J]. American Family Physician, 2011, 84 (3): 428.

[93] PARKER D E. Large-scale warming is not urban [J]. Nature, 2004, 432 (7015): 290.

[94] PARTON W J, LOGAN J A. A model for diurnal variation in soil and air temperature [J]. Agricultural Meteorology, 1981, 23 (84): 205-216.

[95] PATZ J A, CAMPBELL-LENDRUM D, HOLLOWAY T, et al. Impact of regional climate change on human health [J]. Nature, 2005, 438 (7066): 310-317.

[96] POUYAT R V，PATAKI D E，BELT K T，et al. Effects of urban land-use change on biogeochemical cycles [M]. Terrestrial Ecosystems in a Changing World，Springer，2007：45-58.

[97] QU N. Building envelope heat transfer simulation under the natural climate condition in heating region [D]. China Academy of Building Research，2001.

[98] Qu Y，Milliez M，Musson-Genon L，et al. 3D Radiative and Convective Modeling of Urban Environment：An Example for the City Center of Toulouse [J]. Nato Science for Peace & Security，2018，137：727-731.

[99] REES S，THOMAS H. Two-dimensional heat transfer beneath a modern commercial building：Comparison of numerical prediction with field measurement [J]. Building Services Engineering Research and Technology，1997，18 (3)：169-174.

[100] Rendón A M，Salazar J F，Palacio C A，et al. Temperature Inversion Breakup with Impacts on Air Quality in Urban Valleys Influenced by Topographic Shading [J]. Journal of Applied Meteorology and Climatology，2015，54 (2)：302-321.

[101] SAKAGUCHI I，MOMOSE T，KASUBUCHI T. Decrease in thermal conductivity with increasing temperature in nearly dry sandy soil [J]. European Journal of Soil Science，2007，58 (1)：92-97.

[102] Salmond J A，Pauscher L，Pigeon G，et al. Vertical transport of accumulation mode particles between two street canyons and the urban boundary layer [J]. Atmospheric Environment，2010，44 (39)：5139-5147.

[103] SANTAMOURIS M，ASIMAKOPOULOS D. Passive cooling of buildings [M]. Earthscan，1996.

[104] SANTAMOURIS M，PAPANIKOLAOU N，KORONAKIS I，et al. Thermal and air flow characteristics in a deep pedestrian canyon under hot weather conditions [J]. Atmospheric Environment，1999，33 (27)：4503-4521.

[105] SANTANELLO JR J A，FRIEDL M A. Diurnal covariation in soil heat flux and net radiation [J]. Journal of Applied Meteorology，2003，42 (6)：851-862.

[106] SCALENGHE R，MARSAN F A. The anthropogenic sealing of soils in urban areas [J]. Landscape and Urban Planning，2009，90 (1-2)：1-10.

[107] SCHELL L M，ULIJASZEK S J. Urbanism，health and human biology in industrialised countries [M]. Cambridge University Press，1999.

[108] SHI B，TANG C-S，LIU C，et al. Differences in shallow soil temperatures at urban and rural areas [J]. Journal of Engineering Geology，2012，20 (1)：58-65.

[109] SPAGNOLO J，DE DEAR R. A field study of thermal comfort in outdoor and semi-outdoor environments in subtropical Sydney Australia [J]. Building and Environment，2003，38 (5)：721-738.

[110] Steemers K，Baker N，Crowther D，et al. City texture and microclimate [J]. Urban Design Studies，1997，3：25-50.

[111] Strømann-Andersen J，Sattrup P A. The urban canyon and building energy use：Urban density versus daylight and passive solar gains [J]. Energy and Buildings，2011，43 (8)：2011-2020.

[112] SU Z，WEN J，DENTE L，et al. The Tibetan Plateau observatory of plateau scale soil moisture and soil temperature (Tibet-Obs) for quantifying uncertainties in coarse resolution satellite and model products [J]. Hydrology and Earth System Sciences，2011，15 (7)：2303-2316.

[113] Su J G，Brauer M，Buzzelli M. Estimating urban morphometry at the neighborhood scale for improvement in modeling long-term average air pollution concentrations [J]. Atmospheric Environment，2008，42 (34)：7884-7893.

[114] SUN C，JIANG H，LIU Y，et al. Variation of soil heat flux in the phyllostachys edulis forest in Anji during the growing season [J]. Chinese Journal of Soil Science，2014，(3)：590-594.

[115] SUN R，CHEN A，CHEN L，et al. Cooling effects of wetlands in an urban region：the case of Beijing [J]. Ecological Indicators，2012，20：57-64.

[116] TAHA H. Urban climates and heat islands：albedo，evapotranspiration，and anthropogenic heat [J]. Energy and Buildings，1997，25 (2)：99-103.

[117] TAKEBAYASHI H，MORIYAMA M. Surface heat budget on green roof and high reflection roof for mitigation of urban heat island [J]. Building and Environment，2007，42 (8)：2971-2979.

[118] TANG C-S，SHI B，GAO L，et al. Urbanization effect on soil temperature in Nanjing，China [J]. Energy and Buildings，2011，43 (11)：3090-3098.

[119] TARVAINEN L，R NTFORS M，WALLIN G. Vertical gradients and seasonal variation in stem CO_2 efflux within a Norway spruce stand [J]. Tree Physiology，2014，tpu036.

[120] THOMAS H，REES S. The thermal performance of ground floor slabs—a full scale in-situ experiment [J]. Building and Environment，1998，34 (2)：139-164.

[121] Torrens P M，Benenson I. Geographic automata systems [J]. International Journal of Geographical Information Science，2005，19 (4)：385-412.

[122] TURKOGLU N. Analysis of urban effects on soil temperature in Ankara [J]. Environ Monit Assess，2010，169 (1-4)：439-450.

[123] UNGER J，S MEGHY Z，ZOBOKI J. Temperature cross-section features in an urban area [J]. Atmospheric Research，2001，58 (2)：117-127.

[124] VAN KAMP I，LEIDELMEIJER K，MARSMAN G，et al. Urban environmental quality and human well-being：Towards a conceptual framework and demarcation of concepts；a literature study [J]. Landscape and Urban Planning，2003，65 (1-2)：5-18.

[125] Vardoulakis S，Fisher B E A，Pericleous K，et al. Modelling air quality in street canyons：a review [J]. Atmospheric Environment，2003，37 (2)：155-182.

[126] WALLENSTEIN M，ALLISON S D，ERNAKOVICH J，et al. Controls on the temperature sensitivity of soil enzymes：a key driver of in situ enzyme activity rates [M]. Soil Enzymology，Springer，2011：245-258.

[127] WANG K, DICKINSON R E. Global atmospheric downward longwave radiation at the surface from ground - based observations, satellite retrievals, and reanalyses [J]. Reviews of Geophysics, 2013, 51 (2): 150-185.

[128] WANG S, CHENG H. The calculation of saturated vapor pressure of water [J]. Henan Chemical Industry, 1999, 287 (11): 29-30.

[129] WEI C, WANG L, LIU X, et al. Soil heat fluxes of Larix gmelinii in Daxing'anling of Heilongjiang province [J]. Protection Forest Science and Technology, 2014, (5): 5-7.

[130] WENG D, CHEN Y. Climatological calculation of downward atmospheric radiation for China and its characteristic distribution [J]. Journal of Nanjing Institute of Meteorology, 1992, 15 (1): 1-9.

[131] White R, Uljee I, Engelen G. Integrated modelling of population, employment and land-use change with a multiple activity-based variable grid cellular automaton [J]. International Journal of Geographical Information Science, 2012, 26 (7): 1251-1280.

[132] Whiteman C D, Bian X, Zhong S. Wintertime Evolution of the Temperature Inversion in the Colorado Plateau Basin [J]. Journal of Applied Meteorology, 1999, 38 (8): 1103-1117.

[133] Whiteman C D. Mountain Meteorology: Fundamentals and Applications [J]. Mountain Research & Developmen, 2000, 21 (2): 200-201.

[134] WHITTAKER R H. Gradient analysis of vegetation * [J]. Biological Reviews, 1967, 42 (2): 207-264.

[135] WHITTAKER R H. Communities and ecosystems [J]. Communities and ecosystems, 1970.

[136] WU Q, HU D, WANG R, et al. A GIS-based moving window analysis of landscape pattern in the Beijing metropolitan area, China [J]. The International Journal of Sustainable Development and World Ecology, 2006, 13 (5): 419-434.

[137] YAMATO H, TAKAHASHI H, MIKAMI T. New urban heat island monitoring system in Tokyo metropolis [C]. Proceeding of the 7th International Conference on Urban Climate, June, 2009.

[138] Yao W, Zhong S. Nocturnal temperature inversions in a small, enclosed basin and their relationship to ambient atmospheric conditions [J]. Meteorology and Atmospheric Physics, 2009, 103 (1-4): 195-210.

[139] ZHOU H X, Chang J, Sun J, et al. Spatial variation of temperature of surface soil layer adjacent to constructions: A theoretical framework for atmosphere-building-soil energy flow systems [J]. Building and Environment, 2017, 124: 143-152.

[140] ZHOU H X, HU D, WANG X L, et al. Horizontal heat impact of urban structures on the surface soil layer and its diurnal patterns under different micrometeorological conditions [J]. Scientific Reports, 2016, 6: 18790.

[141] ZHOU H X, LI Y Z, XU K P, et al. A continuous dynamic feature of the distribution of soil temperature and horizontal heat flux next to external walls in different orientations of construction sites in the autumn of Beijing, China [J]. Journal of Cleaner Production, 2017, 163:

S189-S198.

[142] ZHOU H, X Wang X L, Li Y Z, et al. Horizontal heat flux between yrban buildings and soil and its influencing factors [J]. Sains Malaysiana, 2016, 45 (5): 689-697.

[143] ZHOU S, ZHANG R, ZHANG C. Meteorology and Climatology [M]. People's Education Press, 1997.

[144] 陈眉舞. 中国城市居住区更新：问题综述与未来策略 [J]. 城市，2002，(3)：43-47.

[145] 陈燕，蒋维楣. 城市建筑物对边界层结构影响的数值试验研究 [J]. 高原气象，2006，25 (5)：824-833.

[146] 陈一新. 巴黎德方斯新区规划及 43 年发展历程 [J]. 国外城市规划，2003，(1)：38-46.

[147] 程克明，孙学金. 常州市区逆温特征及其对大气污染的影响 [J]. 大气科学学报，1992，(2)：119-125.

[148] 杜荣光，齐冰，郭惠惠等. 杭州市大气逆温特征及对空气污染物浓度的影响 [J]. 气象与环境学报，2011，27 (4)：49-53.

[149] 段宇宁. 黑体辐射源研究综述 [J]. 现代计量测试，2001，9 (3)：7-11.

[150] 范玉芬，盛文斌，杜俐萍等. 夏季不同下垫面温度的对比观测及分析 [J]. 大气科学研究与应用，2008，(2)：43-51.

[151] 方修琦，余卫红. 物候对全球变暖响应的研究综述 [J]. 地球科学进展，2002，17 (5)：714-719.

[152] 高建峰，庄大方，何玉琴等. 城市建筑格局对小气候的影响 [J]. 地球信息科学，2007，9 (5)：14-18.

[153] 葛珊珊，汤国安，张姗琪. 基于城市 DEM 的城市三维形态量化分析 [J]. 中国地理信息产业发展论坛暨 2008 中国 GIS 协会年会，2008.

[154] 宫继萍，胡远满，刘淼等. 城市景观三维扩展及其大气环境效应综述 [J]. 生态学杂志，2015，34 (2)：562-570.

[155] 贡水. 高温热浪袭击全球 [J]. 资源与人居环境，2015，(3)：24-26.

[156] 郭安宁. 中美城市化进程特点比较 [J]. 经营管理者，2015，30：112-113.

[157] 郭佳，谢军飞，李薇. 北京城市公共绿地景观格局研究 [J]. 科学技术与工程，2010，(35)：8914-8918.

[158] 郭孝峰，夏再忠，吴静怡等. 埋地电力隧道温度预测与优化设计分析 [J]. 工程热物理学报，2010，(5)：827-830.

[159] 何文文，侯英姿，王方雄. 城市建筑三维形态研究——以大连市金普新区为例 [J]. 国土与自然资源研究，2017，(5)：36-38.

[160] 华凌. 城市地区热浪近年愈发汹涌 [N]. 科技日报，2015-02-02002.

[161] 黄海洪，董蕙青，凌颖等. 南宁市夏季不同下垫面温度特征分析与预报研究 [J]. 气象科技，2003，(4)：253-256.

[162] 季国良，马晓燕，邹基玲等. 黑河地区绿洲和沙漠地面辐射收支的若干特征 [J]. 干旱气象，2003，21 (3)：29-33.

[163] 乐地. 高层建筑布局对城市区域热环境影响的研究 [D]. 长沙：湖南大学，2012.

[164] 李绥，石铁矛，周诗文等. 城市三维格局影响下的污染气体扩散效应分析 [J]. 沈阳建筑大学学报（自然科学版），2016，(6)：1111-1121.
[165] 李向应，秦大河，效存德等. 近期气候变化研究的一些最新进展 [J]. 科学通报，2011，56 (36)：3029-3040.
[166] 李玉戌. 全球气候：变暖还是变冷——访世界气象组织（IMO）奖获得者，中国科学院院士秦大河 [J]. 科技创新与品牌，2011，(5)：12-15.
[167] 梁旖轩，王全权. 全球气候变暖 2014 年史上最热 [J]. 生态经济，2015，31 (4)：2-5.
[168] 廖纪萍，王广发. 大气污染与呼吸系统疾病 [J]. 中国医学前沿杂志：电子版，2014，6 (2)：22-25.
[169] 廖晓农，张小玲，王迎春等. 北京地区冬夏季持续性雾—霾发生的环境气象条件对比分析 [J]. 环境科学，2014，35 (6)：2031-2044.
[170] 刘少才. 全球变暖对海港城市的危害 [J]. 生命与灾害，2015，(2)：10-13.
[171] 刘增强，郑玉萍，李景林等. 乌鲁木齐市低空大气逆温特征分析 [J]. 干旱区地理，2007，30 (3)：351-356.
[172] 卢瑛，龚子同. 城市土壤的特性及其管理 [J]. 土壤与环境，2002，11 (2)：206-209.
[173] 栾海. 土壤升温威胁建筑物 [N]. 新华每日电讯，2001-01-04.
[174] 康富军，唐世光. 城市街道绿地土壤浅析 [J]. 吉林林业科技，2003，(4)：43-45.
[175] 马生丽，武小钢，孙凡等. 北京城区人工构筑物对比邻绿地土壤温度和含水量的影响 [J]. 生态学报，2015，35 (2)：537-546.
[176] 马世骏，王如松. 社会—经济—自然复合生态系统 [J]. 生态学报，1984，27 (1)：1-9.
[177] 彭少麟，周凯，叶有华等. 城市热岛效应研究进展 [J]. 生态环境，2005，14 (4)：574-579.
[178] 齐冰，刘寿东，杜荣光等. 杭州地区气候环境要素对霾天气影响特征分析 [J]. 气象，2012，(10)：1225-1231.
[179] 秦文翠. 街区尺度上的城市微气候数值模拟研究 [D]. 重庆：西南大学，2015.
[180] 仇江啸，王效科，逯非等. 城市景观破碎化格局与城市化及社会经济发展水平的关系——以北京城区为例 [J]. 生态学报，2012，32 (9)：2659-2669.
[181] 邵明安，王全九，黄明斌. 土壤物理学 [M]. 北京：高等教育出版社，2006.
[182] 施斌，唐朝生，高磊等. 城市和郊区浅部地温场差异 [J]. 工程地质学报，2012，20 (1)：58-65.
[183] 孙柯，赵美英，万小朋等. 接触热导率数值预测研究 [J]. 机械科学与技术，2013，32 (7)：973-976.
[184] 汤家礼. 全球变暖增高热相关死亡率 [J]. 海洋世界，2007，(8)：1.
[185] 田颖，张书余，罗斌等. 热浪对人体健康影响的研究进展 [J]. 气象科技进展，2013，3 (2)：49-54.
[186] 佟华，刘辉志，桑建国等. 城市人为热对北京热环境的影响 [J]. 气候与环境研究，2004，9 (3)：409-421.
[187] 汪权方，陈百明，李家永等. 城市土壤研究进展与中国城市土壤生态保护研究 [J]. 水土保持学报，2003，17 (4)：142-145.

[188] 王德征，江国虹，顾清等. 采用时间序列泊松回归分析天津市大气污染物对心脑血管疾病死亡的急性影响 [J]. 中国循环杂志，2014，(6)：453-457 .

[189] 王方雄，温爱博. 城市三维形态与热环境的相关关系研究——以大连市金普新区为例 [J]. 国土与自然资源研究，2016，(4)：70-72.

[190] 王娟，马履一，王新杰等. 北京城区公园绿地景观格局研究 [J]. 西北林学院学报，2010，25 (4)：195-199.

[191] 王如松. 绿韵红脉的交响曲：城市共轭生态规划方法探讨 [J]. 城市规划学刊，2008，(1)：8-17.

[192] 翁甲强. 热力学与统计物理学基础 [M]. 桂林：广西师范大学出版社，2008：13-14.

[193] 吴明，江国业，安丙威. 输油管道土壤温度场的数值计算 [J]. 石油化工高等学校学报，2001，14 (4)：54-57.

[194] 吴蒙，吴兑，范绍佳. 基于风廓线仪等资料的珠江三角洲污染气象条件研究 [J]. 环境科学学报，2015，35 (3)：619-626.

[195] 夏婕. 从景观生态学角度论土壤破碎化过程及其影响 [J]. 城市，2011，(11)：48-49.

[196] 谢盼，王仰麟，彭建等. 基于居民健康的城市高温热浪灾害脆弱性评价 [J]. 地理科学进展，2015，34 (2)：165-174.

[197] 徐金芳，邓振镛，陈敏. 中国高温热浪危害特征的研究综述 [J]. 干旱气象，2009，27 (2)：163-167.

[198] 闫娜. 快速城市化现状、问题与对策 [J]. 长江大学学报（社会科学版），2012，35 (4)：87-88.

[199] 杨景梅，邱金桓. 我国可降水量同地面水汽压关系的经验表达式 [J]. 大气科学，1996，20 (5)：620-626.

[200] 杨俊华. 公路土壤对植物生长的影响及其改善措施 [J]. 河北交通科技，2006，(2)：49-52.

[201] 翟宝辉，王如松，陈亮. 生态建筑学：传统建筑学思想与生态学理念融合的结晶 [J]. 城市发展研究，2005，12 (4)：41-45.

[202] 张甘霖. 城市土壤的生态服务功能演变与城市生态环境保护 [J]. 科技导报，2005，23 (3)：16-19.

[203] 张会宁，张一平，何云玲等. 昆明城市庭院气温垂直分布特征及不同下垫面对其影响的研究 [J]. 热带气象学报，2007，23 (3)：293-299.

[204] 张会宁，张一平，周跃等. 城市建筑物外表面对其近旁大气间的热量传递研究 [J]. 中国气象学会 2007 年年会气候变化分会场论文集，2007，10.

[205] 张会宁，张一平，周跃. 昆明城市建筑物外墙壁面对庭院气温的影响 [J]. 气候与环境研究，2008，13 (5)：663-674.

[206] 张会宁，张一平，蓬云川等. 昆明和北京两幢建筑物表面热力效应的观测对比 [J]. 应用气象学报，2008，19 (5)：573-581.

[207] 张菁，梁红，姜晓艳等. 沈阳市夏季不同下垫面温度特征及其在气象服务中的应用 [J]. 气象科学，2008，(5)：528-532.

[208] 张景哲，刘继韩，周一星等. 北京市的城市热岛特征 [J]. 气象科技，1982，10 (3)：32-35.

[209] 张景哲，刘继韩，周一星等. 北京城市热岛的几种类型 [J]. 地理学报，1984，(4)：428-435.
[210] 张利平，赵仲辉. 会同杉木人工林土壤热通量特征 [J]. 中南林业科技大学学报，2010，30 (5)：12-17.
[211] 张亮，王子军. 大气污染中可吸入颗粒对人类健康的影响 [J]. 中国公共卫生管理，2016，(1)：47-49.
[212] 张宁，蒋维楣，王晓云. 城市街区与建筑物对气流特征影响的数值模拟研究 [J]. 空气动力学学报，2002，20 (3)：339-342.
[213] 张宁，蒋维楣. 建筑物对大气污染物扩散影响的大涡模拟 [J]. 大气科学，2006，30 (2)：212-220.
[214] 张培峰，胡远满. 不同空间尺度三维建筑景观变化 [J]. 生态学杂志，2013，32 (5)：1319-1325.
[215] 张培峰，胡远满，熊在平. 区位因素对沈阳市铁西区三维建筑景观变化的影响 [J]. 生态学杂志，2012，31 (7)：1832-1838.
[216] 张蓬勃，金琼，陆晓波等. 2013 年 1 月持续性霾天气中影响污染程度的气象条件分析 [J]. 气象科学，2016，36 (1)：112-120.
[217] 张姗琪，汤国安，葛珊珊. 建筑点群在城市三维形态量化中的应用 [J]. 中国地理信息产业发展论坛暨 2008 中国 GIS 协会年会，2008.
[218] 张小飞，王仰麟，李正国等. 三维城市景观生态研究 [J]. 生态学报，2007，27 (7)：2972-2982.
[219] 张一平，李佑荣. 城市区域内建筑物表面温度特征 [J]. 城市环境与城市生态，1997，10 (1)：39-42.
[220] 张一平，彭贵芬. 城内外屋顶面附近风. 温特征的初步分析 [J]. 气象科学，1998，18 (1)：56-62.
[221] 张一平，彭贵芬，张庆平. 城市区域屋顶上与地上的风速和温度特征分析 [J]. 地理科学，1998，18 (1)：45-52.
[222] 张一平，何云玲，刘玉洪等. 昆明城市建筑物外壁表面热力效应研究 [J]. 地理科学，2004，24 (5)：597-604.
[223] 郑晋丽. 通风如何控制地铁区间隧道温度 [J]. 地下工程与隧道，2004，34 (2)：17-20.
[224] 郑庆锋，史军. 上海地区大气贴地逆温的气候特征 [J]. 干旱气象，2011，29 (2)：195-200.
[225] 周明煜，曲绍厚，李玉英等. 北京地区热岛和热岛环流特征 [J]. 环境科学，1980，1 (5)：12-18.
[226] 周淑贞. 气象学与气候学 [M]. 北京：高等教育出版社，1985.
[227] 周颖，靳小兵，曾涛. 成都市冬季逆温对大气污染的影响分析 [J]. 高原山地气象研究，2006，26 (2)：22-23.
[228] 周颖，徐兴祥，闵凌峰. 大气污染对心血管疾病的影响研究进展 [J]. 实用医学杂志，2014，(3)：337-339.
[229] 朱怿. 城市道路的多元价值解析 [J]. 华中建筑，2013，(12)：78-82.

感　　谢

本书出版得到江苏省自然科学基金青年基金项目（BK20170272）以及中央高校基本科研业务费专项资金（2017QNA28）资助。本书的顺利完成得到家人、恩师、学友和学生等人的鼎力支持和帮助。

感谢中国科学院生态环境研究中心研究员胡聃先生，带领我们接触到城市生态与建筑环境这一研究领域。饮水思源，值此本书出版之际，谨向胡聃先生表示衷心的感谢和敬意。特别感谢已故的院士王如松先生，在他的不懈努力下，我国的系统生态学科和城市生态学科得到了快速的发展。作为王如松院士科研团队的成员，王老师的学术成就早已通过言传身教慢慢嵌入到我们的科研思想之中，使我们受益终生。

感谢中国矿业大学建筑与设计学院罗萍嘉院长和常江教授给予本书出版的建议；感谢中科院生态环境研究中心李锋研究员对本书实验方面的帮助，感谢生态站王效科研究员所提供的气象数据；感谢中国人民大学张磊副教授对本书部分章节内容的建议；感谢中国科学院青藏高原所陈莹莹副研究员为本书补充实验提供实验仪器和实验人员；感谢清华大学建筑学院姜涌副教授在专业领域给予本书实践部分一些必要的指导。

感谢吴岳和陈欢这两名聪明伶俐的硕士研究生为本书版式所提供的建议，以及对图文的校验。

在本书约稿、撰写和出版的过程中，一直得到中国建筑工业出版社的领导、编辑和其他工作人员的帮助、鼓励和支持，在此向他们表示衷心的谢意。

本书作者

2018 年 7 月 26 日于中国矿业大学

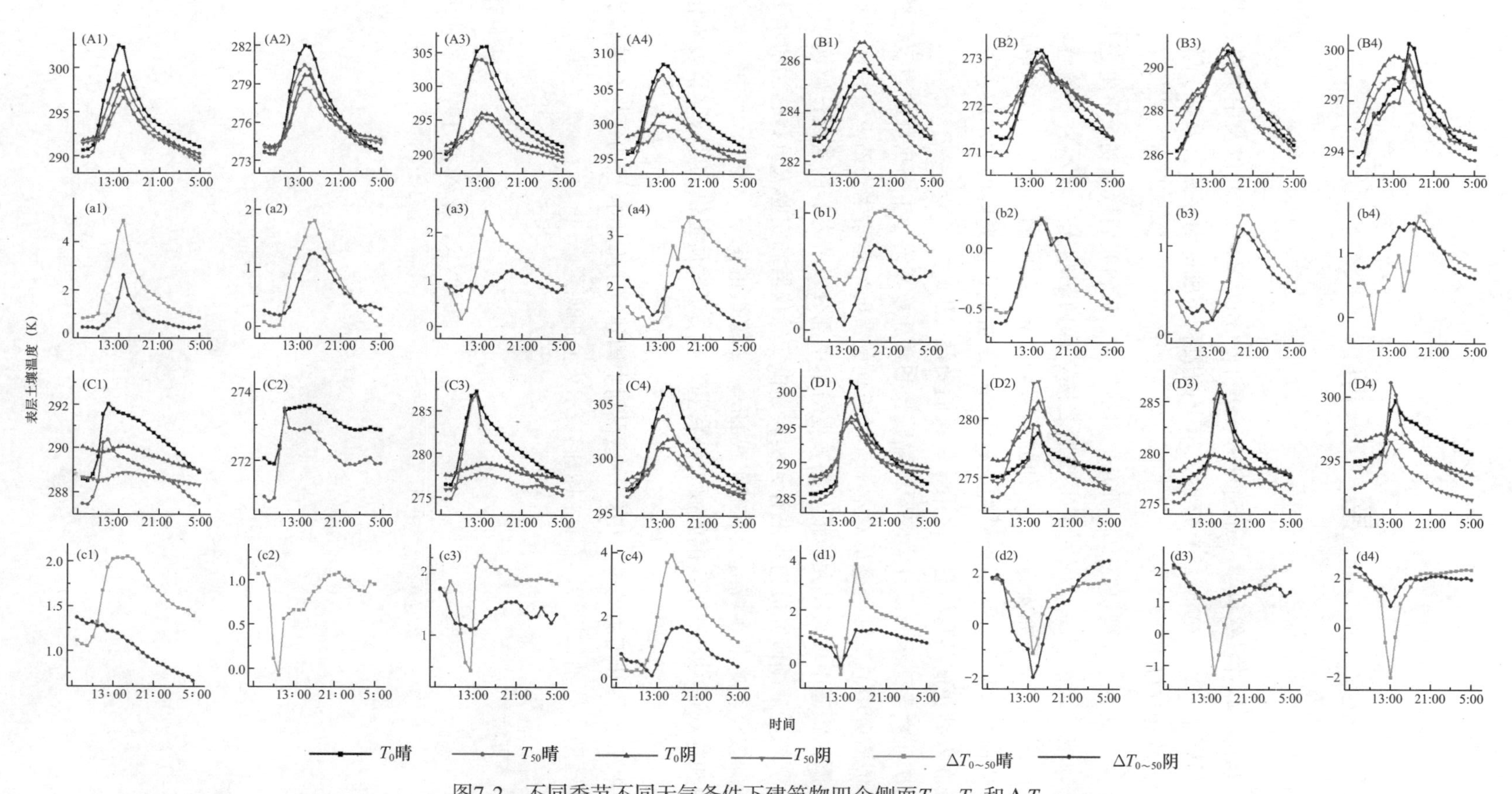

图7-2　不同季节不同天气条件下建筑物四个侧面T_0、T_{50}和$\Delta T_{0\sim50}$

注：A、B、C和D分别表示为南、北、东和西侧起始点和稳定点土壤表层温度的昼夜变化动态，分别记为T_0和T_{50};a、b、c和d分别表示起始点和稳定点在每昼夜时期周期内不同时刻变化的差异，记为$\Delta T_{0\sim50}$，用以说明在构筑物-土壤微梯度观测样带上构筑物对其毗邻土壤热效应的强度，$\Delta T_{0\sim50}$值越高，强度越大，反之亦然。1、2、3和4表示秋、冬、春和夏四个季节。

图片来源：本书作者自绘。

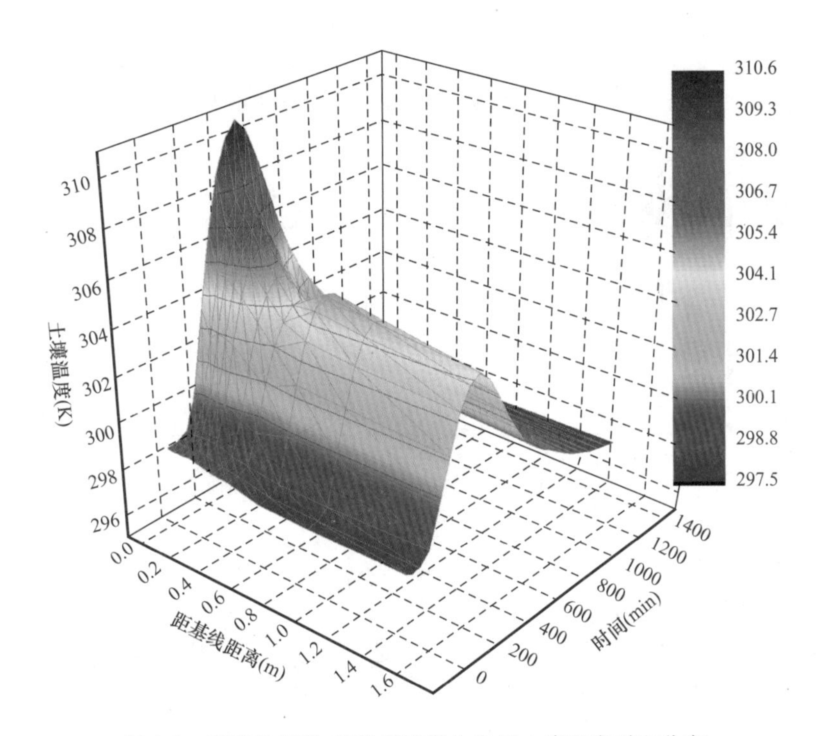

图 9-1　夏季构筑物-微梯度样带上表层土壤温度时空分布

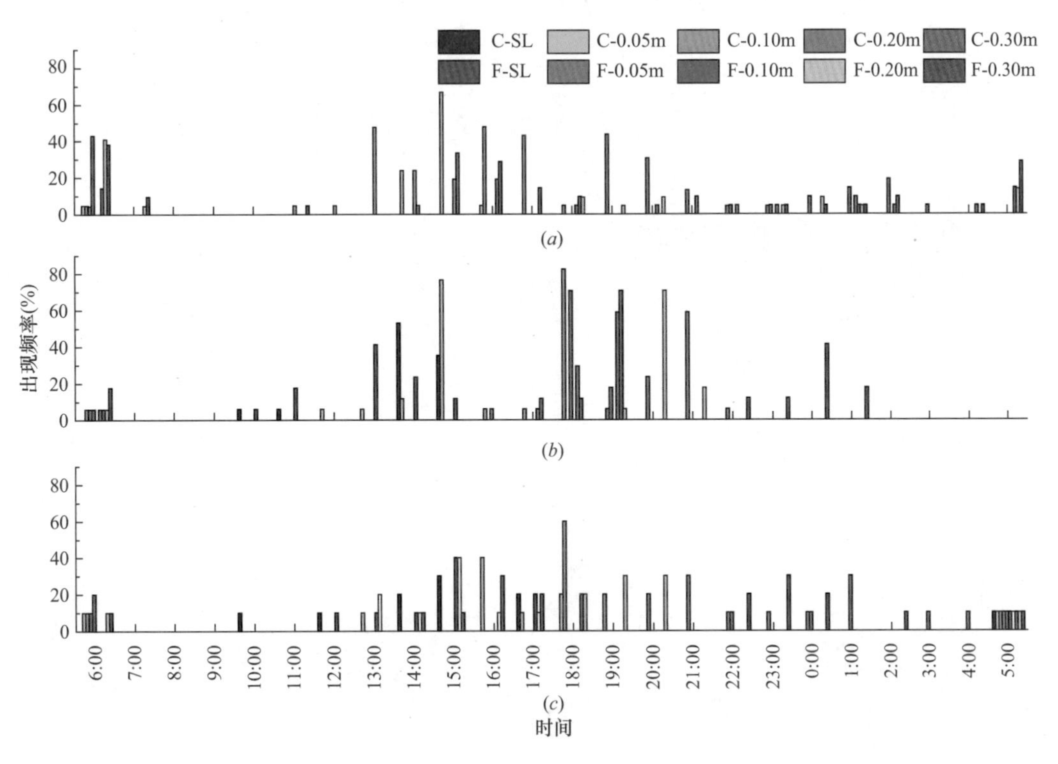

图 11-3　近远建筑物观测点土壤温度最大值出现频率分布

（a）冬季；（b）春季；（c）夏季

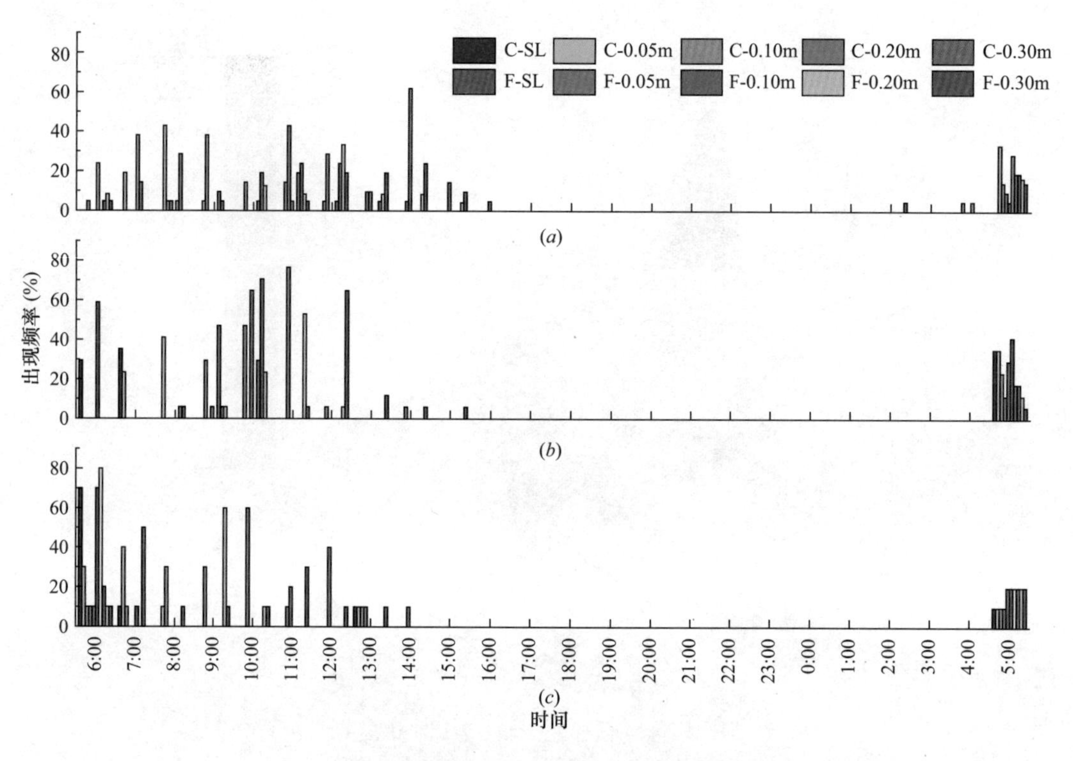

图 11-4　近远建筑物观测点土壤温度最小值出现频率分布

（*a*）冬季；（*b*）春季；（*c*）夏季